宠物大本营

宠物图书编委会 编

MING
YOU

名优 宠物 猫

CHONGWU MAO

PINZHONG TUJIAN

品种 图鉴

化学工业出版社

·北京·

编委会人员

刘秀丽、葛志仙、季慧、张鹤、张文艳、张庆、李洁、李彩燕、顾新颖、张来兴、潘颖、陈方莹、徐栋、薛翠玲、霍秀兰、李淳朴、边疆、张萍、于红、顾玉鑫、石磊、赵健

　　本书是广大猫迷的养猫指南。书中精选了140个品种的猫，详细介绍了每种猫的原产国、祖先、体重范围、寿命、性格特点以及饲养等方面的内容。本书为每个品种的猫配上了高清晰图片，详细地描述了猫的各部位特征，以图鉴的形式展现，方便广大读者辨认。本书还针对每种猫的饲养给出了建议，为饲养者提供了专业性的指导。如果想要对每种猫有详细的了解，并且掌握饲养方法，不妨翻阅此书，到书中寻找答案。

图书在版编目（CIP）数据

名优宠物猫品种图鉴 / 宠物图书编委会编 . —北京：化学工业出版社，2019.10（2025.1重印）
（宠物大本营）
ISBN 978-7-122-35012-1

Ⅰ.①名… Ⅱ.①宠… Ⅲ.①猫 - 品种 - 世界 - 图集 Ⅳ.① S829.3-64

中国版本图书馆 CIP 数据核字（2019）第 161965 号

责任编辑：李　丽
责任校对：边　涛　　　　　　　　　　装帧设计：芊晨文化

出版发行：化学工业出版社（北京市东城区青年湖南街 13 号 邮政编码 100011）
印　　装：涿州市般润文化传播有限公司
889mm×1194mm　1/32　印张 9½　字数 300 千字　2025年1月北京第 1 版第 4 次印刷

购书咨询：010-64518888　售后服务：010-64518899
网　址：http://www.cip.com.cn
凡购买本书，如有缺损质量问题，本社销售中心负责调换。

定　价：69.00 元

前言

　　猫是深受人们喜爱的宠物之一，种类繁多。早在约公元前2000年，埃及人已将猫驯养为宠物。而在过去的百年间，人们才开始繁育出更多的品种，这些品种形态多样。

　　家猫的祖先有着久远的历史。与猫类似的动物，老虎、美洲豹等大型动物，以及猞猁、豹猫等小型动物，都归为哺乳纲食肉目中的猫科。

　　最早的类猫食肉动物出现于约3500万年前，化石证据表明，现代猫科动物约于1100万年前开始在亚洲出没。最新进化的猫科种类有短尾猫（美国）、亚洲豹猫（东南亚）、野猫（亚洲、欧洲、非洲）。而家猫则起源于非洲野猫，通常被认为是非洲野猫的亚种。

　　纵观历史，对于人类而言，猫这种动物的确充满吸引力。在漫长的历史长河中，人类一直都与猫有着一定的联系。人们曾把猫当作神明一样崇拜，还把猫当作最好的宠物来养。如今，猫这种动物仍然被许多人所迷恋。在当代，猫被年轻一族视为甜美、优雅、神秘的象征，在许多艺术作品中都可以看到猫的身影。

　　本书是广大猫迷的养猫指南。书中精选了许多品种的猫，详细介绍了每种猫的原产国、祖先、体重范围、寿命、性格特点以及饲养等方面的内容。

本书是一本图鉴类书籍，对猫迷们具有指导作用。书中为每个品种的猫配上了高清晰图片，详细地描述了猫的各部位特征，以图鉴的形式展现，方便广大读者辨认。本书针对每种猫的饲养给出了建议，为饲养者提供了专业性的指导。

如果想要对每种猫有详细的了解，并且掌握饲养方法，不妨翻阅此书，到书中寻找答案。这本书的内容很实用，但是书中难免存在一些不足，欢迎广大读者批评指正。

目录

了解猫

长毛猫

短毛猫

无毛猫

了解猫

　　猫是独居动物，独立性很强，在人们心中孤僻、高傲就是猫的代名词，当然也不乏存在黏人爱撒娇的猫。在家庭生活中，猫会把自己当成家庭的一分子，在猫看来，它与主人不是主仆关系，而是平等的朋友关系，自然也不会像狗一样对主人盲目服从，更加不会唯命是从，这种与众不同的想法让猫显得更加有魅力。

　　猫作为古老的驯养品种，在动物中属于较为聪明的一种，并且占有欲极强，它永远会对周围的环境保持着绝对的警惕性，一旦自己的领土出现了外来入侵者，会毫不犹豫地竖起它的大尾巴，伸出锋利的爪子，向"敌人"发动攻击。

　　猫对主人的态度取决于主人是否善待猫，如果是从小就和人生活在一起，那么它常常会通过人的动作和表情更好地了解人的情绪状态。当人心情不好的时候，猫会像老朋友一般，安静地待在你的膝头；当你工作忙碌没有时间理它的时候，猫也很少会凑过来打扰你。总之，猫是一种极其聪明并且善解人意的动物。

猫的进化史

家猫的祖先历史悠久，这种类猫食肉动物出现于大约 3500 万年前，而类人型灵长动物出现于大约 3000 万年前，这说明家猫祖先早于人类祖先大约 500 万年。猫科动物包括与猫类似的所有动物，如老虎、美洲豹等大型动物和猞猁、豹猫等小型动物，它们被归于哺乳纲食肉目，目前有 42 个种类。

化石证据表明，猫科动物约 1100 万年前开始在亚洲出没，最早开始有猫的地区是西亚和北非。家猫起源于非洲野猫，是非洲野猫的亚种。

猫的身体结构

在猫还没有成为人们饲养的宠物时，就是依靠着它们与众不同的身体构造，来获得强大的生存能力。猫的视野范围是人类的两倍，能听到的声音范围是人类的三倍，可以轻易闻到 500 米以外的味道，布满倒刺的舌头、锋利的爪子、柔软的身躯都是猫成为狩猎高手不可或缺的一部分。

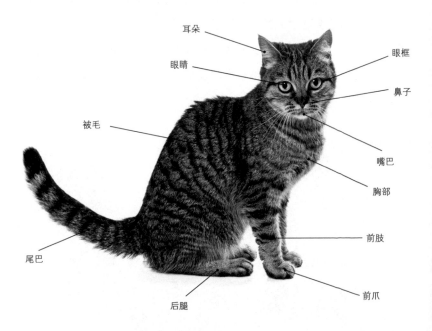

耳朵　眼睛　被毛　尾巴　后腿　眼框　鼻子　嘴巴　胸部　前肢　前爪

猫的脸形

　　猫有三种基本脸形，方脸、圆脸和楔形脸。方脸猫咪耳朵大，耳间距稍宽，直立在头两侧，如缅因猫。圆脸猫咪最多，耳朵比方脸猫小，耳间距宽，耳位低，如美国短毛猫、波斯猫等。楔形猫咪脸部呈三角形，耳朵大而尖，比方脸猫和圆脸猫耳间距都要窄，如暹罗猫、柯尼斯卷毛猫等。

　　方脸猫：方脸的猫长着圆圆的头颅和长方形的身型，身体健壮结实，耳朵大，耳间距稍宽，直立在头两侧。方脸猫咪性格外向，对人热情，喜欢取悦于人，常依偎在主人身旁，如缅因猫。

　　圆脸猫：圆脸的猫，头部较圆，拥有大大的眼睛和圆圆的身体，有的鼻子较平，所以有时会出现呼吸障碍，相对来说，耳朵比方脸猫小，耳间距宽，耳位低，如美国短毛猫、波斯猫等。圆脸猫咪性格胆小、顺从，不容易相信人。

　　楔形猫：楔形猫是很多人喜欢的宠物，其脸部呈三角形，耳朵大而尖，比方脸猫和圆脸猫耳间距都要窄，体型瘦长，皮毛光滑，其行动敏捷，头脑聪明，有强烈的好奇心，如暹罗猫、柯尼斯卷毛猫等。

猫的眼型

　　猫的眼睛形状和颜色各不相同，常见猫的眼型大概有四种，分别是杏仁状蓝色眼睛、绿色斜眼、金色圆眼和圆形双色眼睛。猫双色的眼睛是左右两只眼睛的颜色不同，通常情况下是一只蓝色的眼睛搭配一只橙色的或者是绿色的眼睛。

　　暹罗猫就是典型的杏仁状蓝色眼睛，波斯猫就拥有圆圆的眼睛，缅因库恩猫的眼睛则是稍微倾斜的。

杏仁状蓝色眼睛

绿色斜眼

金色圆眼

圆形双色眼睛

猫的耳型

绝大多数猫的耳型都呈竖状，猫的耳型可分为卷耳、折耳、尖耳和圆耳四种。卷耳是猫的耳朵从面部向头骨的后部卷起，如美国卷耳猫；折耳是在猫耳部软骨处的褶皱使猫的耳朵向面部朝前折起，如苏格兰折耳猫；尖耳端和圆耳端是猫竖耳的顶部一个呈尖状，一个呈圆状，如安哥拉猫、阿比西尼亚猫和英国短毛猫。

卷耳

折耳

尖耳

圆耳

猫的毛型

根据猫的被毛类型不同，可将其分为长毛、短毛、卷毛和无毛四大类。通过选择不同品种和毛型的猫，可以避免一系列在家庭中可能发生的各种与健康有关的问题，例如毛发过敏。

长毛猫：长毛猫的毛发以柔软、平滑和长度而著称，当猫的毛发长到 10 厘米以上的时候，该品种的猫就可以被称为长毛猫。沉静少动，对人温和亲切是大多数长毛猫的性格。布偶猫和波斯猫是最常见的长毛猫。

短毛猫：皮毛短的猫，我们称之为短毛猫。短毛猫是最常见的家猫种类之一，它因四肢粗壮，体型浑圆而深受人们的喜爱，短毛不代表毛量少。美国短毛猫和英国短毛猫是短毛猫中的"明星猫"。

卷毛猫：卷毛猫就是全身覆盖着卷曲柔软毛发的猫，双层被毛使他们的毛看上去浓密且厚实。卷毛猫的品种比其他三个类型猫的品种要少很多，目前只有五个品种，分别是德文卷毛猫、塞尔凯克卷毛猫、西伯利亚卷毛猫、柯尼斯卷毛猫和拉波猫，它们是由猫的基因突变而产生的。

无毛猫：无毛猫是看上去身体表面没有毛发，它们与多数猫不同，是由于基因突变而产生的新品种。无毛猫并不是真的身体表面一根毛都没有，在它们皮肤的褶皱处有一层又软又薄的绒毛，耳朵、嘴巴和尾巴等部位也会有少量的毛发，其他部位几乎没有毛发。常见的无毛猫有加拿大无毛猫和彼得无毛猫。

猫的毛色

猫的被毛颜色非常繁杂，纹理图案也多种多样，有的品种以特定颜色来界定，有的品种以一种颜色就可以被世界四大注册机构中的某个或某几个认可。

猫的原始被毛图案是斑纹，如条纹、涡纹、带斑点的单色被毛与浅色被毛的混合，后来由于人们刻意选择隐形基因而繁育出多种多样的图案。斑纹是猫咪的保护色，尤其是在野外猎食时。

单色

在猫的毛发中，毛根至毛尖都是同一种颜色就叫单色，单色的毛发还拥有标准的深度，换句话说单色指的是猫全身上下的毛发都是同一种颜色，常见的单色有白色、黑色、红色和黄棕色。

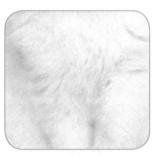

单色

淡化色

淡化色是从深色中淡化出来的，影响淡化色的直接因素就是色素，猫的毛发中可能有一部分的地方色素比较少，那么那个地方就会反射出白光，故而人们看上去就比其他正常地方颜色寡淡一些。

常见的蓝色被毛就是从黑色中淡化出来

淡化色

的，这种蓝色不是纯正的蓝，反而比较接近灰色，不仅如此，不同品种蓝色的猫，它们身上的被毛颜色也是深浅不一的。

毛尖色

很明显，毛尖色是指猫的毛发几乎接近单色，但每根被毛只有毛尖约八分之一处有黑色素，也就是说毛尖是有其他颜色的，毛根是浅色的。

鼠灰色金吉拉猫和黑毛尖色英国短毛猫就是两个明显的例子。鼠灰色金吉拉猫的被毛几乎是银白色的，但是它们的毛尖却带着黑色；黑毛尖色英国短毛猫的被毛也几乎是白色的，它们的毛尖也是黑色。

毛尖色

渐层色

渐层色的颜色比毛尖色要稍微复杂一点，但毛根仍然为白色，只是毛尖上面的色素向下延伸了一点。在猫活动的时候，仔细地看，你可能会发现，在毛尖的下面还有一层颜色。

渐层色

较典型的是银色渐层波斯长毛猫和奶油渐层凯米尔猫。银色渐层波斯长毛猫的毛发根部就是白色，但是毛尖的黑色占据着整根猫的三分之一位置；奶油渐层凯米尔猫的毛尖为乳黄色，但毛根是白色的。

深灰色

深灰色与毛尖色、渐层色有相似点，如果你能从这三种不同颜色类型的猫身上分别"拽"下来一根毛，你就能清楚地发现，它们被毛只有上半部分有颜色，根部都是白色，或者说没有颜色。唯一的区别这三种颜色类型的方法，是看毛发上颜色存在部分的多少，

深灰色

存在最多的颜色就是深灰色，存在最少的颜色就是毛尖色，渐层色居中。

暗蓝灰色波斯长毛猫和暗灰黑色猫就是深灰色的两个例子。

斑纹毛发

斑纹毛发很有意思，将毛发上的颜色都分裂成了斑纹状，浅色毛发和深色毛发互相交叉，这样就可以成功地帮助猫隐蔽和躲藏。

常见的拥有斑纹毛发的猫是阿西比亚猫和深红色索马里猫，阿西比亚猫的身上，深色和浅色有规律地排列组合；深红色索马里猫的被毛身上有较为规律的朱古力色斑纹。

斑纹毛发

选择适合你养的猫

猫咪是非常可爱的宠物，很多人都会很喜欢，有的人本来不太适合养猫结果却一时冲动买回了家；有的人没有了解某猫咪品种的需求和特性，盲目选择，回到家又发现不太适合自己。所以养猫前你需要从以下几个方面慎重考虑。

时间

猫咪相对来说比较独立，白天也许会一直慵懒地睡觉，但也需要你的照顾和陪伴，长时间的冷落可能使院子里的猫咪离家出走，室内的猫咪可能会情绪抑郁，进而对家具搞破坏。

安全

猫咪喜欢攀爬，可能会打破贵重物品，好奇心强，可能会啃咬有毒的植物，一些小物品如笔帽、橡皮，也可能会被猫咪吞食，这些潜在的危机在养猫时都要提前考虑到。另外一些家用化学品如衣物清洗剂如果洒到地

板上，也可能会沾到猫咪被毛上而被它舔食。

与家人的沟通

在养猫之前最好和家人进行良好的沟通，如果有家人对猫毛过敏，就不太适合养猫。如果家中有小孩子，一定要事先教给他与猫咪相处的方法，避免意外。

金钱

有的纯种猫咪品种会很贵，除了购买猫咪之外，你还需要为它购买猫粮、猫床、猫砂和猫咪玩具。此外，还有疫苗、疾病的支出。如果出差的话，还需要将猫咪送往托猫所。

品种

选择猫咪的品种时，可从猫咪的体型大小、被毛类型和脾气秉性等方面考虑。比如波斯猫非常漂亮，但需要主人频繁梳理它的长被毛，而短毛猫就不需要频繁梳理。东方猫咪像暹罗猫和奥西猫性格较外向而爱叫；体型大而健壮的猫咪如英国短毛猫和波斯猫则较安静慵懒。公猫一般比雌猫体型大，性格也更外向，不过经过阉割后，也会非常安静。

长毛猫

　　野生长被毛猫因抵御严酷的冬天而产生厚厚的被毛，但野生长被毛猫品种稀少，并未遗传给长被毛家猫。长被毛家猫是为抵御寒冷气候而自然基因突变的结果。16 世纪，在西欧最早见到长被毛安哥拉猫，它拥有修长的体形和丝滑的被毛，深受人们喜爱，一直到 19 世纪出现了波斯猫，相比安哥拉猫，波斯猫体形更健壮，被毛更厚更长，尾巴更粗大，因此成为人们珍爱的品种。20 世纪起，人们又关注到其他的半长毛品种，如体型大而漂亮的缅因猫、蓝眼睛的布偶猫和刷状尾巴的索马里猫。人们为了追求品种多样化，繁育者将长毛品种与短毛品种杂交，又会得出其他的变种。

波斯猫·白色猫

白色猫小名片	
原产国	英国
身高	13 ~ 23 厘米
祖先	安哥拉猫 × 波斯猫
体重范围	3.5 ~ 7 千克
寿命	13 ~ 20 岁
梳理要求	每天 1 次
毛色和花纹	白色
性格特点	温顺、安静
遗传性疾病	腹泻、原发性皮脂溢、溶酶体贮积症、多囊性肾病

　　在历史上，第一个被认可的波斯猫品种是单色波斯猫，即其被毛是同一种颜色。单色的波斯猫魅力十足，是深受人们喜爱的长毛波斯猫的原始版本。最早被人所知的单色波斯猫，长着纯白色被毛和蓝色眼睛。它体形颇大，侧面看呈明显矮胖状。被毛纯白色，长而厚密。白色猫的耳朵向前倾斜，双耳间距大，位于头部偏低位置，耳朵有饰毛。

头部大而圆，头盖骨宽阔

耳朵细小，尖端呈圆形

蓝色眼睛，眼睛大而圆

两颊丰满

鼻子短，是粉红色的

质地精细的白色长厚被毛

厚长领毛

四肢短而壮实

• 驯养注意事项 •

　　白色波斯猫长着漂亮、奢华的长被毛，饲养者每天都应帮它梳理，以防打结或生成难以去除的厚毛团。波斯猫的肠管天生比一般猫短，因此容易患上腹泻等疾病，建议喂一些专门的波斯猫猫粮。另外，因为其被毛为白色，所以需要经常给它洗澡，保持整洁。虽然波斯猫不太好动，但如果给它一个好玩的玩具，它会欢快地嬉戏。

波斯猫·黑色猫

黑色猫小名片	
原产国	英国
身高	13 ~ 23 厘米
祖先	安哥拉猫 × 波斯猫
体重范围	3.5 ~ 7 千克
寿命	13 ~ 20 岁
梳理要求	每天 1 次
毛色和花纹	黑色
性格特点	温顺
遗传性疾病	腹泻、原发性皮脂溢、溶酶体贮积症、多囊性肾病

在世界范围内，波斯长毛猫十分受欢迎。而其中的黑色猫有着独特、显眼的被毛，深受人们的喜爱。黑色猫被毛的色彩，应无渐变色、斑纹或白色杂毛。幼猫可能带有灰色或铁锈色，但是在约 8 个月大时会渐渐消失。作为猫中的贵族，波斯猫的适应能力却很强，即使新到一个环境，也不会躲在角落里，而是先观察周围情况，再慢慢巡逻，看上去它倒像个主人。

耳朵又小又圆，两耳间距宽

又长又厚的黑色被毛

头部又圆又大，头盖骨很宽，两颊丰满

鼻子又短又扁又宽

又厚又长的领毛

•饲养注意事项•

　　单色波斯猫是第一个被认可的波斯猫品种，但完全黑色的波斯长毛猫十分稀少。在潮湿的空气中，它的毛色容易变成棕黄色，强烈的阳光也会使黑色毛发褪色。所以要避免强烈的阳光照射。如果不幸发生中暑，则要迅速转移到背阴或通风的地方。

长毛猫

波斯猫·蓝色猫

蓝色猫小名片	
原产国	英国
身高	13 ~ 23 厘米
祖先	安哥拉猫 × 波斯猫
体重范围	3.5 ~ 7 千克
寿命	13 ~ 20 岁
梳理要求	每天 1 次
毛色和花纹	蓝色
性格特点	温顺
遗传性疾病	腹泻、原发性皮脂溢、溶酶体贮积症、多囊性肾病

　　蓝色波斯猫最早是由白色长毛猫和黑色长毛猫交配而成。后来，经过选择性育种，被毛上的白色斑纹逐渐消除。蓝色波斯猫的幼猫通常带有虎斑。十分奇特的是，斑纹最明显的幼猫反而会长成最好的成猫。它的长相具有异国风情，据说维多利亚女王曾经养过蓝猫，因此蓝猫有了一定的知名度。

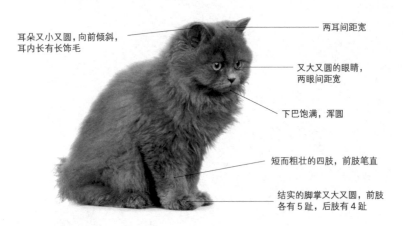

耳朵又小又圆，向前倾斜，耳内长有长饰毛

两耳间距宽

又大又圆的眼睛，两眼间距宽

下巴饱满，浑圆

短而粗壮的四肢，前肢笔直

结实的脚掌又大又圆，前肢各有 5 趾，后肢有 4 趾

• 饲养注意事项 •

　　波斯猫喜欢温热的食物，不要喂凉食和冷食，否则不仅会影响猫的食欲，还容易引起消化功能紊乱。一般情况下，食物的温度以 30 ~ 40℃为宜，从冰箱中取出的食物，需要加热后才能喂猫。猫有时也吃草，用来促进消化。

波斯猫·黑白猫

黑白猫小名片	
原产国	英国
祖先	安哥拉猫 × 波斯猫
体重范围	3.5～7 千克
寿命	13～20 岁
梳理要求	每天 1 次
毛色和花纹	黑白色
性格特点	温顺
遗传性疾病	腹泻、原发性皮脂溢、溶酶体贮积症、多囊性肾病

　　黑白色波斯猫培育出来的时间较早，这种猫又称作"黑白花"。最早的一只双色波斯猫是黑白色，很多人称它为"喜鹊"，可见对它的喜爱。其脸上有白色斑纹，颈周围有白领圈毛。与其他双色猫一样，斑纹对称的猫属于佳品。但繁育者很难培育出界限清晰的对称花纹。波斯猫比较黏人，如果主人一直忙于工作，它会安静地等待，其实内心非常渴望主人与它互动。

耳朵小，耳端浑圆，耳根有长毛

头部宽圆，呈巧克力色

头部花纹界限清晰、对称

深橘色或古铜色的双眼

鼻梁扁平

长而光滑的浓密白色被毛

● 饲养注意事项 ●

　　黑白色波斯猫既热情又安静，性情柔和，温文尔雅，适合公寓生活。这种猫的毛长且细，毛量很多，容易缠结在一起，白色毛区容易脏。如果想要猫咪保持漂亮、整洁的外观，就要定期为其梳理毛发，一般一天一次，并且要定期洗澡。

波斯猫·金吉拉猫

金吉拉猫小名片	
原产国	英国
祖先	安哥拉猫 × 波斯猫
体重范围	3.5 ~ 7 千克
寿命	13 ~ 20 岁
梳理要求	每天 1 次
毛色和花纹	白色，毛尖色为黑色
性格特点	温顺
遗传性疾病	腹泻、原发性皮脂溢、溶酶体贮积症、多囊性肾病

金吉拉猫最早见于 19 世纪 80 年代。后来，在 20 世纪 60 年代拍摄的《007 詹姆斯·邦德》电影系列，使这种猫名声大噪，它在影片中扮演超级间谍"007"的首敌——布罗菲尔德喂养的宠物。这种猫有着闪亮的银色被毛，每根毛的毛尖色为黑色。其被毛颜色与南美洲金吉拉小绒鼠的皮毛相似，也因此得名为金吉拉猫。

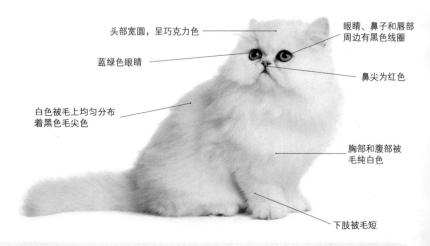

头部宽圆，呈巧克力色

蓝绿色眼睛

白色被毛上均匀分布着黑色毛尖色

眼睛、鼻子和唇部周边有黑色线圈

鼻尖为红色

胸部和腹部被毛纯白色

下肢被毛短

• 饲养注意事项 •

金吉拉猫有着独特的被毛颜色，被毛长而浓密。为了使猫咪保持漂亮的外观，饲养者应定期为其梳理被毛，并且定期为其洗澡。平时不要轻易更换食盆，因为波斯猫对食盆很敏感，有时会因为换了食盆而不吃饭。

长毛猫

波斯猫·金色猫

金色猫小名片	
原产国	英国
祖先	安哥拉猫 × 波斯猫
体重范围	3.5 ~ 7 千克
寿命	13 ~ 20 岁
梳理要求	每天 1 次
毛色和花纹	深杏黄色至金色，带海豹棕色或黑色毛尖色
性格特点	温顺
遗传性疾病	腹泻、原发性皮脂溢、溶酶体贮积症、多囊性肾病

　　20 世纪 20 年代，金吉拉猫生下的第一窝金色猫被纯种猫界视为次品。当时，人们把金色波斯猫叫作"棕色猫"，虽然被禁止参加猫展，但却是人们喜爱的宠物。后来，繁育者看出金色波斯猫的潜力，开始致力于繁育这种波斯猫品种。20 世纪 70 年代，金色波斯猫在美国被认可为新品种。这种猫有着深杏黄色到金色的漂亮被毛。

耳内有浅杏黄色长丛毛

圆头顶

金色被毛，背部颜色深

玫瑰粉红色鼻尖

环绕颈部的厚领毛

胸部和腹部的毛色最浅

海豹棕色毛尖色使腿部毛色更重

· 饲养注意事项 ·

　　金色波斯猫的被毛长而密，饲养者需要定期为其梳理和洗澡。底层被毛是杏黄色至金色，头、背、尾巴为灰黄深褐色或黑色。喂食波斯猫要定时定点，一旦确定，不要轻易更换。如果有客人来家里，不要让客人看着猫咪吃饭，会影响猫咪的食欲。

长毛猫

波斯猫·乳黄色猫

乳黄色猫小名片	
原产国	英国
祖先	安哥拉猫 × 波斯猫
体重范围	3.5 ~ 7 千克
寿命	13 ~ 20 岁
梳理要求	每周 1 次
毛色和花纹	淡乳黄色、奶油色、蓝色、红色等
性格特点	温顺、好静、高傲
遗传性疾病	腹泻、原发性皮脂溢、溶酶体贮积症、多囊性肾病

乳黄色波斯猫被认为拥有最有魅力的被毛，它是由蓝色波斯猫和红色波斯猫偶然交配得来的品种，曾经不受英国育种家的重视，被称为"橙色次品波斯猫"。后来美国育种家认识到其发展潜力，开始繁殖。该猫基底颜色为白色，在毛干末端有不同的颜色。乳黄色波斯猫性格温顺，头脑聪明，动作敏捷，外静内动，行为举止高雅，内心渴望主人的宠爱，是优良的宠物，也是捕鼠的能手。

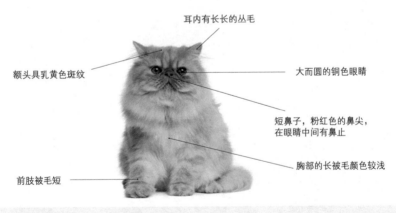

耳内有长长的丛毛

额头具乳黄色斑纹

大而圆的铜色眼睛

短鼻子，粉红色的鼻尖，在眼睛中间有鼻止

胸部的长被毛颜色较浅

前肢被毛短

● 饲养注意事项 ●

乳黄色波斯猫昼伏夜出，白天懒洋洋地睡觉，最活泼的时刻是每天早上或傍晚，此时身体各项机能都很旺盛，可以安排进餐，吃得多消化得也好。猫粮最好花样多、口味好，猫喜欢吃有鱼腥味的食物，同时避免强光照射、陌生人在场、环境嘈杂等因素，使猫咪保持较高的食欲。

波斯猫·红白猫

红白猫小名片	
原产国	英国
祖先	安哥拉猫 × 波斯猫
体重范围	3.5 ~ 7 千克
寿命	13 ~ 20 岁
梳理要求	每周 1 次
毛色和花纹	巧克力色加白色、红色、蓝色、奶油色等
性格特点	温顺、高傲
遗传性疾病	腹泻、原发性皮脂溢、溶酶体贮积症、多囊性肾病

红白波斯猫有着让人过目不忘的外表，表情甜美可爱，举止优雅，被毛华丽，非常惹人喜爱，所以被称为猫中的"王子""王妃"。红白波斯猫身上的深红色被毛区和闪亮的纯白色被毛区间隔开来，有的还会对称。该猫反应快，适应力强，声音纤细悦耳，善解人意，喜欢主人宠爱自己。夏天炎热的时候不喜欢被人抱，常常独自睡在地板上。

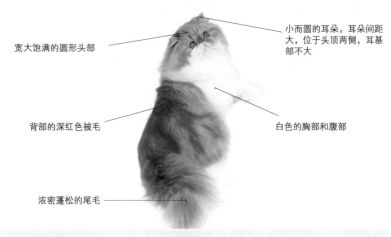

宽大饱满的圆形头部

小而圆的耳朵，耳朵间距大，位于头顶两侧，耳基部不大

背部的深红色被毛

白色的胸部和腹部

浓密蓬松的尾毛

• 饲养注意事项 •

红白波斯猫是温顺安静的猫咪，尤其是成年后的波斯猫，容易驯养。波斯猫属长毛猫，非常容易掉毛，又容易打结，为防止细菌滋生，需要主人定期安排其洗澡。给波斯猫洗澡时要注意洗澡前让猫咪轻微活动，排尿排便；生病的波斯猫不要洗澡；洗澡后要预防感冒，尤其是冬天；洗澡次数控制在每月 2 ~ 3 次为宜。

巴厘猫·巧克力重点色猫

巧克力重点色猫小名片	
原产国	美国
祖先	暹罗猫 × 安哥拉猫
体重范围	2.5 ~ 5 千克
寿命	15 ~ 18 岁
梳理要求	每周 2 ~ 3 次
毛色和花纹	海豹色、蓝色、巧克力色以及淡紫色等单色重点色
性格特点	活泼
遗传性疾病	腹泻等疾病

巴厘猫是暹罗猫的长毛变种，好似在暹罗猫的身躯上套了飘逸丝滑的被毛。巴厘猫身材修长、苗条，肌肉发育良好，与其他长毛猫相比，其被毛比较短，柔软如貂皮。巴厘猫性格外向，活泼好动，精力充沛，很渴望主人的关注。同时以恶作剧而出名，所以主人不要把它单独留在家里，否则当它弄坏了什么东西，你可能会凶它，但其实它也很孤独。

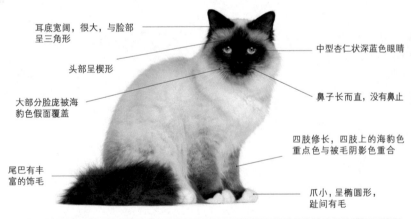

耳底宽阔，很大，与脸部呈三角形

头部呈楔形

大部分脸庞被海豹色假面覆盖

尾巴有丰富的饰毛

中型杏仁状深蓝色眼睛

鼻子长而直，没有鼻止

四肢修长，四肢上的海豹色重点色与被毛阴影色重合

爪小，呈椭圆形，趾间有毛

● 饲养注意事项 ●

巴厘猫毛长 5 厘米左右，毛色与暹罗猫相同。虽然为长毛猫，但它梳理要求不高，每周两三次即可。如果不知道如何喂食巴厘猫，可以购买猫粮，里面的营养完全能满足猫咪，但如果想要让猫咪吃到更多的美食，就要动手做。常吃自制猫粮的巴厘猫，容易患牙结石，可以准备一个磨牙棒，预防结石的产生。

伯曼猫·乳黄重点色猫

乳黄重点色猫小名片	
原产国	缅甸 / 法国
别名	缅甸圣猫
体重范围	4.5 ~ 8 千克
寿命	10 ~ 15 岁
梳理要求	每周 2 ~ 3 次
毛色和花纹	乳黄色和白色
性格特点	活泼、聪明、友善
遗传性疾病	先天性被毛稀少症、出血性疾病

伯曼猫传说由缅甸僧侣饲养，被视为护殿神猫。伯曼猫身躯较长，整体颜色较浅，重点色块的颜色是乳黄色。脸、耳、腿、尾巴被毛颜色较深，略带金色，脚掌上的白色很明显。伯曼猫性格温和、活泼，喜欢与人亲近，容易相处，与其他猫咪相处也很友善。它们感情丰富，希望能得到主人的关注和宠爱，当它用甜美的嗓音轻轻呼唤你时，相信你会立即奔向猫咪的怀抱。

圆形蓝色眼睛，眼间距宽

间距宽大且带饰毛的耳朵

环绕颈部的丰富领毛

柔软光滑的乳黄色重点色被毛

足部大而圆，爪子上长有白色手套状被毛

尾巴很饱满，并与身体比例协调

• 饲养注意事项 •

伯曼猫身躯长而骨骼健壮，被毛质地柔软，不容易缠结，易打理。饮食上注意不要摄入太多动物肝脏，以免摄入过多的维生素A而引起肌肉僵硬、骨骼变形、关节变形、颈痛及肝脏疾病。伯曼猫的被毛质地很光滑，不容易缠结，每周梳理两三次即可。

伯曼猫·海豹玳瑁色虎斑重点色猫

海豹玳瑁色虎斑重点色猫小名片	
原产国	缅甸 / 法国
别名	缅甸圣猫
体重范围	4.5 ~ 8 千克
寿命	10 ~ 15 岁
梳理要求	每周 2 ~ 3 次
毛色和花纹	浅黄褐色、玳瑁色、虎斑色、白色
性格特点	活泼、聪明、友善
遗传性疾病	先天性被毛稀少症、出血性疾病

伯曼猫体型属中大型，体质健壮，拥有长披毛，被毛上玳瑁色和虎斑图案明显可见，身体整体颜色为浅黄褐色。伯曼猫性格开朗，温顺，喜欢主人的关注，渴望与主人玩耍，环境安全的情况下，会非常甜美友善，温文尔雅，对其他猫也很友好，是理想的家庭宠物。有人说它是典型的"处女座"猫咪，非常爱干净，环境脏乱差会让它们很抓狂。

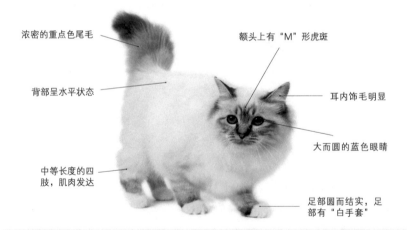

浓密的重点色尾毛

背部呈水平状态

中等长度的四肢，肌肉发达

额头上有"M"形虎斑

耳内饰毛明显

大而圆的蓝色眼睛

足部圆而结实，足部有"白手套"

● 饲养注意事项 ●

伯曼猫喜欢在地上活动，天气晴朗时可以带它到户外散步。伯曼猫属于长毛猫，特别爱干净，要定期洗澡，以保持洁净。虽然伯曼猫是肉食动物，但也要适当摄入维生素和矿物质，否则可能引起骨骼代谢紊乱。此外耳朵也需要定期进行清理，可以直接往耳内滴入清耳剂。眼睛要定期检查并滴入眼药水。

伯曼猫·蓝色重点色猫

蓝色重点色猫小名片	
原产国	缅甸 / 法国
别名	缅甸圣猫
体重范围	4.5 ~ 8 千克
寿命	10 ~ 15 岁
梳理要求	每周 2 ~ 3 次
毛色和花纹	蓝色、白色
性格特点	活泼、聪明、友善
遗传性疾病	先天性被毛稀少症、出血性疾病

　　伯曼猫性格温柔安静，容易相处。被毛虽然长，但易打理，没有里层被毛，所以不会出现与外毛缠结的情况。伯曼猫蓝色重点色并非指纯蓝色，而是略接近灰色的蓝色，身体底色较浅，重点色块颜色较深。伯曼猫喜欢活动仅限于地上，不太擅长跳跃、攀爬。有的伯曼猫渴望主人的关注，但其他人的主动示好，却可能会拒绝。

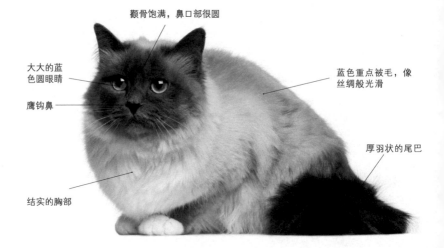

颧骨饱满，鼻口部很圆

大大的蓝色圆眼睛

鹰钩鼻

结实的胸部

蓝色重点被毛，像丝绸般光滑

厚羽状的尾巴

• 饲养注意事项 •

　　伯曼猫蓝色重点色猫身体匀称、肌肉发达、骨量充足，需要适当的喂养与护理。伯曼猫如果是换毛的季节，最好进行一天两次梳理。毛发清洁剂应是猫猫专用的，以免使用不当引起皮肤病等问题。洗澡不要太勤，夏季每月两次，冬季每月一次即可。

长毛猫

伯曼猫·海豹色重点色猫

海豹色重点色猫小名片	
原产国	缅甸/法国
别名	缅甸圣猫
体重范围	4.5 ~ 8 千克
寿命	10 ~ 15 岁
梳理要求	每周 2 ~ 3 次
毛色和花纹	灰褐色、深海豹褐色、白色
性格特点	活泼、聪明、友善
遗传性疾病	先天性被毛稀少症、出血性疾病

　　伯曼猫海豹色重点色猫身体底色是灰褐色，重点色是深海豹褐色，像耳朵、面部、腿、尾巴等，依然有像"手套"状的白色被毛，拥有眼间距很宽的蓝色眼睛，通常来说，蓝色越深越好。伯曼猫虽然是家养宠物，但其实也很渴望到外边看看，所以如果有小院子的话，可以让猫咪在院子里活动；如果没有，可以偶尔给它佩戴牵绳出去遛弯。

耳基部的宽度和耳朵的高度几乎一样。
耳基部张开，耳尖部稍圆，有耳饰毛

蓝色圆眼睛

头部宽，从正面看呈圆形

中等长度，足够宽的鼻口部

背部骨骼健壮，肌肉发达

海豹色重点色尾巴

爪子上长有白色手套状被毛

● 饲养注意事项 ●

　　伯曼猫可能会特别喜欢吃动物肝脏而拒绝吃其他食品，动物肝脏含有大量维生素A，适当补充对眼睛有益，缺乏维生素A皮肤会粗糙，抵抗力会下降。但摄入过量的维生素A，则不利于骨骼等的健康。摄入过多高脂肪鱼类，会使维生素E摄入不足，引起身体脂肪发炎，产生病痛，降低生活质量。

长毛猫

伯曼猫·巧克力色重点色猫

巧克力色重点色猫小名片	
原产国	缅甸 / 法国
别名	缅甸圣猫
体重范围	4.5 ~ 8 千克
寿命	10 ~ 15 岁
梳理要求	每周 2 ~ 3 次
毛色和花纹	巧克力色、白色、浅金黄色
性格特点	活泼、聪明、友善
遗传性疾病	先天性被毛稀少症、出血性疾病

　　伯曼猫体型较长，巧克力色重点色伯曼猫身上被毛是浅金黄色，耳朵、脸、腿部、尾巴为巧克力色，有的附加山猫纹。伯曼猫的被毛较长，被毛如丝绸般光滑，整体看来肌肉发达，结构匀称，比例适当。它一双蓝宝石样子的眼睛，四只白手套样子的脚掌，使得伯曼猫散发着神秘的色彩。

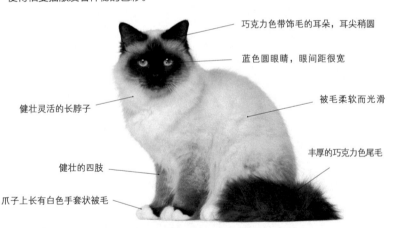

巧克力色带饰毛的耳朵，耳尖稍圆

蓝色圆眼睛，眼间距很宽

健壮灵活的长脖子

被毛柔软而光滑

丰厚的巧克力色尾毛

健壮的四肢

爪子上长有白色手套状被毛

● 饲养注意事项 ●

　　伯曼猫是夜间活动的动物，为了补充精力，它们的睡眠时间比其他动物要长。伯曼猫每天的睡眠时间在 12 小时左右，有的猫的睡眠时间会达到 20 个小时，猫睡觉的时候不要强迫它活动。伯曼猫虽然被毛细长，但不易缠结，易梳理，通常每周两到三次即可。

伯曼猫·红色重点色猫

红色重点色猫小名片	
原产国	缅甸 / 法国
别名	缅甸圣猫
体重范围	4.5 ~ 8 千克
寿命	10 ~ 15 岁
梳理要求	每周 2 ~ 3 次
毛色和花纹	红色、白色、乳黄色
性格特点	活泼、聪明、友善
遗传性疾病	先天性被毛稀少症、出血性疾病

红色重点色伯曼猫是伯曼猫族中的新成员，毛色鲜艳靓丽。身体被毛为乳黄色，耳朵、脸、腿部、背部、尾巴为偏金色的橘红色重点色。红色重点色伯曼猫的性格温柔友善，是理想的家庭宠物。如果足部不是白色，而脸部、耳朵、尾巴有白色区域，则不太理想。但如果脸上有些小斑点，则可以接受。伯曼猫性格安静而温柔，对主人的关爱非常敏感。

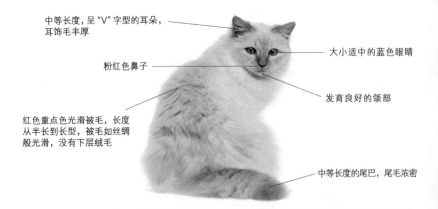

中等长度，呈 "V" 字型的耳朵，耳饰毛丰厚

粉红色鼻子

大小适中的蓝色眼睛

发育良好的颌部

红色重点色光滑被毛，长度从半长到长型，被毛如丝绸般光滑，没有下层绒毛

中等长度的尾巴，尾毛浓密

● 饲养注意事项 ●

　　红色重点色伯曼猫相对来说毛长，自己很难清理干净，需要勤快的主人帮助清洗，一般来说，夏季半个月一次，冬季一个月一次即可。洗澡时最好用温水，用猫猫专用清洗剂，洗完后及时擦干毛发，以免感冒着凉。只喂食猫粮不会导致猫咪营养不良，这点请猫咪主人放心，反倒是自制猫粮可以因食用不当而造成不好的影响，但自制猫粮能满足猫咪的味觉享受。

伯曼猫·淡紫色重点色猫

淡紫色重点色猫小名片	
原产国	缅甸 / 法国
别名	缅甸圣猫
体重范围	4.5 ~ 8 千克
寿命	10 ~ 15 岁
梳理要求	每周 2 ~ 3 次
毛色和花纹	淡紫色、浅灰色、白色
性格特点	活泼、聪明、友善
遗传性疾病	先天性被毛稀少症、出血性疾病

　　淡紫色重点色伯曼猫的脸、耳、腿、尾等部位的重点色块的毛色较深，为淡紫色，其他部分颜色较浅，四肢末端为白色，前肢的白色被称为手套，后肢的白色被称为蕾丝，蕾丝的部位延长的很长。伯曼猫属于中大型长毛猫，身体强壮，性格温顺、友善，叫声悦耳动听，喜欢主人的陪伴，对同类也很友好，拥有甜美、外向的性格，非常受人欢迎。

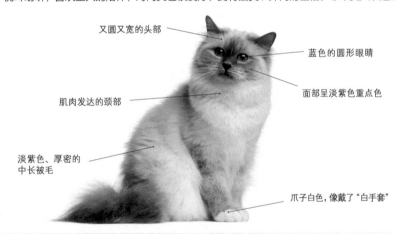

又圆又宽的头部

蓝色的圆形眼睛

肌肉发达的颈部

面部呈淡紫色重点色

淡紫色、厚密的中长被毛

爪子白色，像戴了"白手套"

● **饲养注意事项** ●

　　伯曼猫非常爱干净，最好每天梳理被毛，每周用毛发清洁剂彻底护理一次。喂养方面，应提供专门的猫粮，不能用狗粮代替，因为狗狗需要的营养少于猫咪，而且营养物质也不相同。人类的食物要保管好，不要让猫咪啃食。如果发现猫咪有口腔溃疡、消瘦等情况，也可以喂一些生肉或生的动物肝脏。

伯曼猫·海豹玳瑁色重点色猫

海豹玳瑁色重点色猫小名片	
原产国	缅甸 / 法国
别名	缅甸圣猫
体重范围	4.5 ~ 8 千克
寿命	10 ~ 15 岁
梳理要求	每周 2 ~ 3 次
毛色和花纹	淡黄褐色、棕色、红色、玳瑁色、白色
性格特点	活泼、聪明、友善
遗传性疾病	先天性被毛稀少症、出血性疾病

海豹玳瑁色重点色猫的脸、耳、腿、尾部是海豹玳瑁色重点色，身体整体为淡黄褐色，而在背部或背部两侧呈现棕色或红色，脸上有明显的海豹玳瑁色斑纹。伯曼猫的独特之处是四爪的白手套和腿部的蕾丝花边，该种颜色的伯曼猫培育出来非常有难度，而且即使成功了，也是只有母猫。伯曼猫的毛色被人们认为有某种神秘的超自然能力。

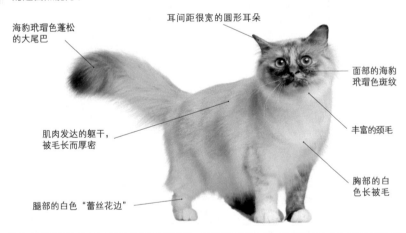

海豹玳瑁色蓬松的大尾巴

耳间距很宽的圆形耳朵

面部的海豹玳瑁色斑纹

丰富的颈毛

肌肉发达的躯干，被毛长而厚密

胸部的白色长被毛

腿部的白色"蕾丝花边"

● 饲养注意事项 ●

喂食伯曼猫最好是熟食，尤其是鱼，生鱼中含有破坏维生素 B_1 的酶，如果缺乏维生素 B_1，可能会导致猫咪的神经系统产生疾病，严重时可致命。但这种酶经过高温加热即可杀死，所以一定要把鱼做熟后再给猫咪喂食。猫咪的饮食应全面，只喂给肉类食物，会导致猫咪矿物质和维生素摄入不足，引起骨骼代谢紊乱。

布偶猫·巧克力色双色猫

巧克力色双色猫小名片	
原产国	美国
别名	布拉多尔猫、布娃娃猫
祖先	白色长毛猫 × 伯曼猫
体重范围	4.5～9千克
寿命	15～20岁
梳理要求	每周2～3次
毛色和花纹	巧克力色、白色
性格特点	友善、温顺、容忍性强
遗传性疾病	肥大型心肌病

布偶猫原产于美国，是体型最大、体重最大的猫之一，祖先为白色混种长毛猫。布偶猫是美国加利福尼亚州的一名妇女安贝可于1960年开始繁育，1965年在美国获得认可。布偶猫喜欢和人亲密接触，会趴在主人身上入睡，需要时刻待在主人身边，这样它才会感受到主人的宠爱，它确实不太好动。但它容易相处，喜欢与儿童玩耍，对其他宠物也很友好。

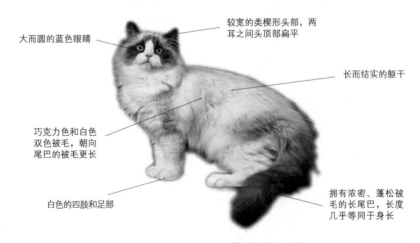

大而圆的蓝色眼睛

较宽的类楔形头部，两耳之间头顶部扁平

长而结实的躯干

巧克力色和白色双色被毛，朝向尾巴的被毛更长

白色的四肢和足部

拥有浓密、蓬松被毛的长尾巴，长度几乎等同于身长

● 饲养注意事项 ●

布偶猫属于长毛猫，但性格温顺，且掉毛并不严重，所以日常梳理比较简单。布偶猫需要很多的时间和主人待在一起，如果饲养者工作繁忙，可能不太适合养布偶猫。它只有在主人精心照顾下，才会健康、快乐地成长。

布偶猫·"手套"海豹色重点色猫

"手套"海豹色重点色猫小名片	
原产国	美国
别名	布拉多尔猫、布娃娃猫
祖先	白色长毛猫 × 伯曼猫
体重范围	4.5 ~ 9 千克
寿命	15 ~ 20 岁
梳理要求	每周 2 ~ 3 次
毛色和花纹	海豹色、白色
性格特点	友善、温顺、容忍性强
遗传性疾病	肥大型心肌病

　　"手套"海豹色重点色布偶猫的前脚上好像戴了两只白色手套，在耳朵、脸、腿部、尾巴等部位呈现海豹色重点色。布偶猫性格温顺、友善，擅长交际，外表迷人，所以又被称为"小狗猫""仙女猫"，是非常受欢迎的一类猫。它的忍耐性很强，即使被孩子抓得很痛，它也不反抗，常常被人们误认为缺乏疼痛感。布偶猫最适宜有孩子的家庭饲养。

宽阔的低位耳朵，两耳间距大

椭圆形蓝色眼睛

宽宽的楔形头部

均匀、柔软的白色长绒毛，拥有很短的下层绒毛

长而结实的躯干

海豹色被毛覆盖在结实的四肢上

● 饲养注意事项 ●

　　布偶猫特别温柔，非常适合城市室内饲养，它们要求不高，平时喜欢抓挠，最好提供抓挠板供它们玩耍，这是维持健康和快乐的最好方法。布偶猫举止优雅，非常爱干净，常常舔洗自己的丝状被毛，饲养者可以抱起它用钢针排梳进行梳理。布偶猫喜欢和主人玩耍，也喜欢安静，喜欢主人的陪伴。

布偶猫·海豹色双色猫

海豹色双色猫小名片	
原产国	美国
别名	布拉多尔猫、布娃娃猫
祖先	白色长毛猫 × 伯曼猫
体重范围	4.5 ~ 9 千克
寿命	15 ~ 20 岁
梳理要求	每周 2 ~ 3 次
毛色和花纹	海豹色、白色
性格特点	友善、温顺、容忍性强
遗传性疾病	肥大型心肌病

　　布偶猫种群主要分布于美国，也有分布在欧洲地区的，2003 年引进中国，进入中国家庭和动物园。布偶猫善于交际，性格温顺随和，不容易嫉妒，所以可以同时养其他宠物，但也要注意布偶猫的情绪，以免觉得新来的宠物夺走了主人的宠爱而对新来的宠物不友好。如果工作很忙，时间长了，可能会抑郁，不利于它的身心健康。

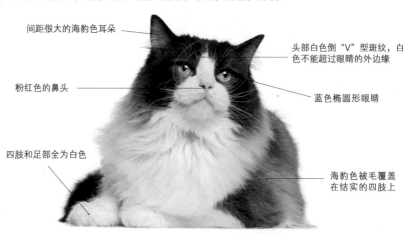

间距很大的海豹色耳朵

粉红色的鼻头

四肢和足部全为白色

头部白色倒 "V" 型斑纹，白色不能超过眼睛的外边缘

蓝色椭圆形眼睛

海豹色被毛覆盖在结实的四肢上

● 饲养注意事项 ●

　　布偶猫虽属于长毛猫，但掉毛情况并不严重，常梳理即可解决这个问题。同时注意环境的温度，避免过热过冷，一般来说温度在 21 ~ 22℃能有效缓解掉毛问题。布偶猫是一个晚熟猫种，直到 2 岁左右被毛才会稳定下来，身体到 4 岁才会发育完全。

长毛猫

布偶猫·淡紫色双色猫

淡紫色双色猫小名片	
原产国	美国
别名	布拉多尔猫、布娃娃猫
祖先	白色长毛猫 × 伯曼猫
体重范围	4.5 ~ 9 千克
寿命	15 ~ 20 岁
梳理要求	每周 2 ~ 3 次
毛色和花纹	淡紫色、白色
性格特点	友善、温顺、容忍性强
遗传性疾病	肥大型心肌病

　　布偶猫性格温柔，是严格的室内猫，不要放在室外散养，避免与其他流浪狗猫等动物接触，以免受到伤害，也避免受到传染病的侵害。布偶猫是易驯养、易管理的猫，就如它的名字一样，喜欢卧在主人的膝盖上。幼小的布偶猫非常柔软，成年后的布偶猫喜欢温柔的游戏，它们的被毛很柔顺光滑，梳理起来很容易，不需要主人花费很多时间。

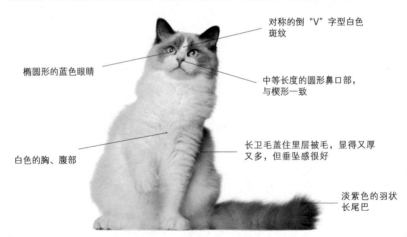

椭圆形的蓝色眼睛

对称的倒 "V" 字型白色斑纹

中等长度的圆形鼻口部，与楔形一致

白色的胸、腹部

长卫毛盖住里层被毛，显得又厚又多，但垂坠感很好

淡紫色的羽状长尾巴

● 饲养注意事项 ●

　　布偶猫性情温顺，容易相处，但有时外表蛮横，内心害羞，可能会一气之下离家出走，所以需要主人适当管教，养成良好的习惯。布偶猫虽然不太好动，但也需要攀爬，所以应将贵重物品放置好，以免造成不必要的损失。

布偶猫·"手套"淡紫色重点色猫

"手套"淡紫色重点色猫小名片	
原产国	美国
别名	布拉多尔猫、布娃娃猫
祖先	白色长毛猫 × 伯曼猫
体重范围	4.5 ~ 9 千克
寿命	15 ~ 20 岁
梳理要求	每周 2 ~ 3 次
毛色和花纹	淡紫色、白色
性格特点	友善、温顺、容忍性强
遗传性疾病	肥大型心肌病

"手套"淡紫色重点色布偶猫是布偶猫中的珍品，非常精致可爱，它们有着毛绒绒的白色下巴，眼睛明亮有神，前足戴着"白手套"，后足有"靴子"，丰厚白色被毛从下巴延伸到颈部、胸部、腹部。布偶猫刚生下来全身是白色的，一周后耳朵、脸部、尾巴开始颜色有变化，2 岁后才会稳定下来，3 ~ 4 岁才会完全长成。

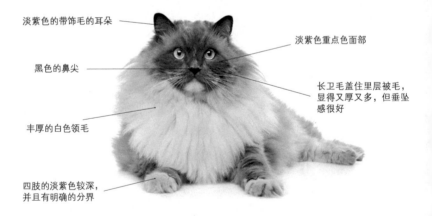

淡紫色的带饰毛的耳朵

淡紫色重点色面部

黑色的鼻尖

长卫毛盖住里层被毛，显得又厚又多，但垂坠感很好

丰厚的白色领毛

四肢的淡紫色较深，并且有明确的分界

● 饲养注意事项 ●

布偶猫性格甜美，善于讨好主人，喜欢时刻待在主人身边，愿意趴在主人的膝上入睡，非常黏人。如果想要布偶猫健康、活泼、快乐，一定要多花时间陪伴，有耐心地照顾它，让它感觉到主人的关爱，虽然它喜欢安静，但更喜欢和主人一起玩耍，也爱玩玩具，喜欢参与家中日常生活。

长毛猫

布偶猫·巧克力重点色猫

巧克力重点色猫小名片	
原产国	美国
别名	布拉多尔猫、布娃娃猫
祖先	白色长毛猫 × 伯曼猫
体重范围	4.5 ~ 9 千克
寿命	15 ~ 20 岁
梳理要求	每周 2 ~ 3 次
毛色和花纹	巧克力色、白色
性格特点	友善、温顺、容忍性强
遗传性疾病	肥大型心肌病

　　巧克力色重点色布偶猫有着和暹罗猫相似的外表，不同的是暹罗猫的毛短，而且体重小，原产于泰国。而布偶猫属于长毛猫，体型大体重大，重点色比暹罗猫要浅，最关键的是布偶猫有着长长的大粗尾巴。布偶猫巧克力色重点色分布于脸、耳、尾、四肢，胸腹部为白色被毛。布偶猫不高冷，它们很黏人，只要主人在家，就会跟着走来走去，会悄悄了解主人喜欢什么。

巧克力重点色的面部、耳朵

黑色的鼻尖

白色的丰厚领毛

骨骼粗壮、肌肉发达的躯干

粗壮的四肢，下肢被毛较短

又粗又长的大尾巴

黑色的足部

● 饲养注意事项 ●

　　布偶猫在美国被列为濒危物种，所以应注意保护布偶猫。布偶猫属于长毛猫，对温度的反应并不敏感，只要提供合适的温度就可以。布偶猫虽然性格温顺可人，忍受度高，但也不能放任不管，优良的基因和后天给予精心的照顾、陪伴同样重要，如照顾不当，轻者布偶猫郁郁寡欢，重者可能越长越丑，身体健康受损。

长毛猫

索马里猫·棕红色猫

棕红色猫小名片	
原产国	美国
别名	索马利猫
原产地	非洲
祖先	阿比西尼亚猫
体重范围	3.5 ~ 5.5 千克
寿命	15 ~ 20 岁
梳理要求	每周 2 ~ 3 次
毛色和花纹	棕红色、朱古力色
性格特点	活泼、好动、贪玩
遗传性疾病	丙酮酸激酶缺乏症、进行性视网膜萎缩症

索马里棕红色猫形似阿比西尼亚猫，原产地在非洲，相传是纯种的阿比西尼亚猫基因突变产生的长毛猫，后来经过欧美等国的培育，一共有四个品种。棕红色索马里猫全身为带金色的棕红色，毛尖色是朱古力色，背上和尾巴上的毛色最深。索马里猫性格温和，非常聪明，善意人意，活力十足，给人体力充沛的感觉，它有太多的精力要释放，有着无穷的好奇心和探究欲。

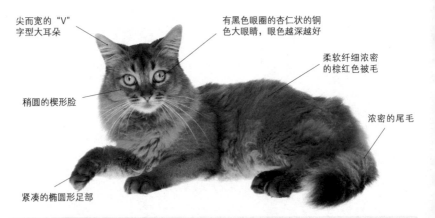

尖而宽的"V"字型大耳朵

有黑色眼圈的杏仁状的铜色大眼睛，眼色越深越好

柔软纤细浓密的棕红色被毛

稍圆的楔形脸

浓密的尾毛

紧凑的椭圆形足部

● 饲养注意事项 ●

　　索马里猫有一张严肃的脸，它们动作迅速，运动能力发达，活力四射，叫声也非常响亮，因此并不适合在公寓饲养。野外的生活，需要追捕猎物、寻找食物，这会对它的心理产生刺激，也会提高它的生存能力，产生的成就感有利于索马里猫的身心发展。

索马里猫·棕色猫

棕色猫小名片	
原产国	美国
别名	索马利猫
原产地	非洲
祖先	阿比西尼亚猫
体重范围	3.5～5.5 千克
寿命	15～20 岁
梳理要求	每周 2～3 次
毛色和花纹	棕色、朱古力色、深杏黄色
性格特点	活泼、好动、贪玩
遗传性疾病	丙酮酸激酶缺乏症、进行性视网膜萎缩症

棕色索马里猫的毛根是深杏黄色，身上的斑纹呈现朱古力色，被毛看上去好像闪闪发光，非常迷人，头部有斑纹，尾巴上的颜色较身体深。索马里猫肌肉发达，动作轻盈，身体匀称，性格温和。索马里猫很聪明，懂得开水龙头，喜欢玩水。动作有点像猴子，可以横行，抓食物的样子也很像猴子，非常可爱。索马里猫和索马里海盗一点关系都没有，它很温柔，但它确实又给人一种野性的感觉。

直立起来的浓密尾毛

结实的身体有着发达的肌肉，身材苗条，体型优美

颧骨和眉毛上有黑色斑纹

浓密的腿部被毛

纤细健壮的四肢

● 饲养注意事项 ●

索马里猫怕寒冷，冬季应注意保暖。索马里猫喜欢磨爪子，所以养在室内的话最好配备一个猫爬架，能同时满足它俯视的欲望。平时尽量抽出时间陪它玩耍，一方面能促进索马里猫的身心健康，使它保持愉快的心情，另一方面也能促进主人与猫咪之间的感情，有利于更好的沟通。

索马里猫·栗色猫

栗色猫小名片	
原产国	美国
别名	索马利猫
原产地	非洲
祖先	阿比西尼亚猫
体重范围	3.5 ~ 5.5 千克
寿命	15 ~ 20 岁
梳理要求	每周 2 ~ 3 次
毛色和花纹	栗色、深杏黄色、紫铜色
性格特点	活泼、好动、贪玩
遗传性疾病	丙酮酸激酶缺乏症、进行性视网膜萎缩症

　　栗色索马里猫中等大小，骨骼强健，肌肉发达，看上去像帝王，非常严肃。索马里猫有双层被毛，底层是较深的杏黄色，耳尖和尾尖的毛色为暖色调的紫铜色。索马里猫的斑纹有别于其他猫，每根毛都是由 3 ~ 20 条条纹组成，看起来很像纯色猫。索马里猫的运动神经很发达，动作敏捷，喜欢自由活动，叫声响亮清澈，不太适宜养在公寓里。

类楔形头部，正面看呈圆形的轮廓

丝绸般光滑的栗色双层被毛，被毛越浓密越好

宽 "V" 字型的大耳朵，耳部的毛发短且紧贴身体

厚密的领毛

像狐狸的尾巴一样厚实丰满

● 饲养注意事项 ●

　　索马里猫对周围的事物充满好奇，眼神喜欢追随游动的金鱼和飞翔的鸟儿，有时也会将其当作玩具，但要谨防它动手，以免伤害小鱼。主人可以和索马里猫开发其他游戏，训练猫咪，在完成任务时再给予美食鼓励，会使它有成就感。尽量不要喂食生鱼，因为生鱼中的酶能破坏维生素 B_1，而导致罹患神经疾病，严重的可致命，因此鱼要做熟后再喂食。

索马里猫·浅黄褐色猫

浅黄褐色猫小名片	
原产国	美国
别名	索马利猫
原产地	非洲
祖先	阿比西尼亚猫
体重范围	3.5 ~ 5.5 千克
寿命	15 ~ 20 岁
梳理要求	每周 2 ~ 3 次
毛色和花纹	浅黄褐色、浅黄色
性格特点	活泼、好动、贪玩
遗传性疾病	丙酮酸激酶缺乏症、进行性视网膜萎缩症

　　浅黄褐色索马里猫底层被毛是带粉红的浅黄色或咖啡色，毛尖为棕褐色，颜色较深。索马里猫性格活泼，生命力顽强，喜欢与主人互动，需要主人的关注，但它不满足于总是卧于主人膝上，非常好动，好奇心强，总是有太多的精力需要宣泄。它最吸引人的是各种色彩的被毛，毛质精细，而硕大的尾巴上毛发又长又密，很像狐狸的尾巴。

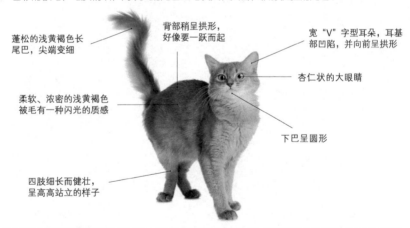

蓬松的浅黄褐色长尾巴，尖端变细

背部稍呈拱形，好像要一跃而起

宽 "V" 字型耳朵，耳基部凹陷，并向前呈拱形

杏仁状的大眼睛

柔软、浓密的浅黄褐色被毛有一种闪光的质感

下巴呈圆形

四肢细长而健壮，呈高高站立的样子

● 饲养注意事项 ●

　　索马里猫不像人类那样易出汗，所以一个月左右洗一次即可。在洗澡前应先带它散步，让它将尿液和粪便排出，然后放在提前准备好的37℃左右的温水里，温水里放稀释几十倍的宠物洗发水，将索马里猫从头向后清洗，再用清水冲洗干净，最后用毛巾擦干，吹风机吹干。

长毛猫

挪威森林猫·蓝色虎斑白色猫

蓝色虎斑白色猫小名片	
原产国	挪威
别名	森林猫
原产地	挪威
祖先	安哥拉猫 × 短毛猫
体重范围	3 ~ 9 千克
寿命	15 ~ 20 岁
梳理要求	每周 2 ~ 3 次
毛色和花纹	蓝灰色、白色
性格特点	内向、独立、喜欢冒险
遗传性疾病	糖原病

挪威森林猫是生活在挪威森林里的大型猫，是欧洲西北角的斯堪的纳维亚半岛上特有的品种，长有双层被毛，能抵御欧洲的严寒，随着气温降低，里层被毛会增厚，春天温度升高时又会掉毛。挪威森林猫属于长毛猫，长度为半长，比波斯猫的毛长要短。蓝色虎斑白色猫身上蓝灰色虎斑纹清晰易辨。挪威森林猫身体结实健壮，喜欢冒险和探索，并且善于捕获，被称为"能干的狩猎者"。

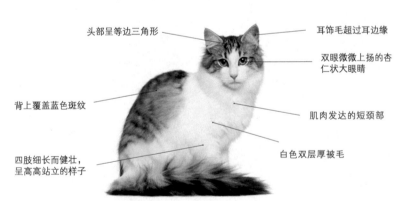

头部呈等边三角形

耳饰毛超过耳边缘

双眼微微上扬的杏仁状大眼睛

背上覆盖蓝色斑纹

肌肉发达的短颈部

四肢细长而健壮，呈高高站立的样子

白色双层厚被毛

● 饲养注意事项 ●

挪威森林猫喜欢活动，性格虽然内向，但非常机灵，行动很敏捷，善于爬树攀岩，所以不适合室内饲养，最好有院子或宽敞的空间。此猫非常喜爱干净，它常常清洁自己的毛发，但仍需要主人洗澡以保持彻底的洁净。在洗澡前最好先用梳子梳理再将猫咪放入 38℃ 的温水中，水位不超过背部为宜。

长毛猫

挪威森林猫·玳瑁色虎斑白色猫

玳瑁色虎斑白色猫小名片	
原产国	挪威
别名	森林猫
原产地	挪威
祖先	安哥拉猫 × 短毛猫
体重范围	3 ~ 9 千克
寿命	15 ~ 20 岁
梳理要求	每周 2 ~ 3 次
毛色和花纹	紫铜色、红色、黑色、白色
性格特点	内向、独立、喜欢冒险
遗传性疾病	糖原病

挪威森林猫的起源可追溯到 13 世纪，它的祖先常常是北欧故事和挪威神话的主角。但由于气候恶劣，且与短毛猫杂交，因短毛基因为显性基因，长毛基因为隐形基因，所以纯种长毛挪威森林猫越来越少，至 20 世纪 30 年代，纯种猫培育员开始策划繁殖，经过多年的不懈努力，到 1973 年得以在法国巴黎展出，被认可为纯种猫。蓝色虎斑白色猫底色是紫铜色斑纹，夹杂有红色、黑色斑纹。脸部、胸部、腹部和毛领区及腿、爪部有白色被毛。该猫成熟很慢，到五岁时才会完全发育成熟。

头部的"M"形斑纹

杏仁状的绿色眼睛

胸部、面部有白色斑纹

爪部有白色被毛

耳尖部稍圆，耳间距小

身躯上覆盖有红黑色虎斑斑纹

覆盖浓密被毛的长尾巴

● 饲养注意事项 ●

　　挪威森林猫玳瑁色虎斑猫的被毛通常比其他颜色的被毛更厚更密，所以一方面做好防暑工作，另一方面洗澡时要注意清洁彻底，尤其是四肢、脚趾间、臀部等部位都要搓洗，可以将洗毛液滴入水中，也可以直接滴在猫咪身体上，注意揉搓动作要轻柔，不要将水溅入猫咪的耳朵内，搓洗完后，将猫咪身体上的洗毛液彻底清洗干净，以防刺激皮毛引起过敏。洗完后先用毛巾擦干，再用吹风机吹干，以防猫咪着凉。

长毛猫

挪威森林猫·银棕色猫

银棕色猫小名片	
原产国	挪威
别名	森林猫
原产地	挪威
祖先	安哥拉猫 × 短毛猫
体重范围	3 ~ 9 千克
寿命	15 ~ 20 岁
梳理要求	每周 2 ~ 3 次
毛色和花纹	银灰色、棕色
性格特点	内向、独立、喜欢冒险
遗传性疾病	糖原病

挪威森林猫体型大，胆子也比较大，尤其是公猫，坚强、勇敢又温顺。在古老的挪威神话里，两头银棕色身形如狮子般强壮巨大的挪威森林猫拉着女神的神车飞驰，它们有着威猛的外表，同时又非常优雅有教养。银棕色猫的领部毛一般为银灰色，胸部被毛长。挪威森林猫性格内向，独立性强，非常警觉，喜欢冒险，善于捕捉、狩猎，是能干的狩猎者。

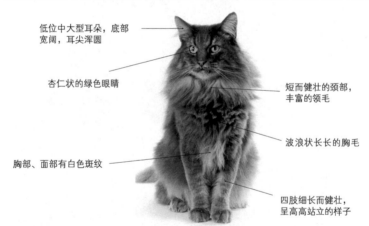

低位中大型耳朵，底部宽阔，耳尖浑圆

杏仁状的绿色眼睛

短而健壮的颈部，丰富的领毛

波浪状长长的胸毛

胸部、面部有白色斑纹

四肢细长而健壮，呈高高站立的样子

• 饲养注意事项 •

挪威森林猫的毛长、毛量多，所以最好常常梳理，至少保证一周一次，达到平滑有光泽的目的。如果猫咪有反抗情绪，请先疏导其情绪再梳理，不要勉强。梳理时先用金属梳梳开纠结的毛，再用鬃毛刷沿毛的生长方向梳理，最后用橡皮刷刷去粘在皮毛上的脱落的毛发，皮毛保护剂可以去除油脂，恢复皮毛的色彩，另外常抚摸也会使皮毛更加有光泽。

长毛猫

挪威森林猫·蓝白猫

蓝白猫小名片	
原产国	挪威
别名	森林猫
原产地	挪威
祖先	安哥拉猫 × 短毛猫
体重范围	3 ~ 9 千克
寿命	15 ~ 20 岁
梳理要求	每周 2 ~ 3 次
毛色和花纹	蓝灰色、蓝色、白色
性格特点	内向、独立、喜欢冒险
遗传性疾病	糖原病

挪威森林猫因为生长的环境寒冷、恶劣，所以长有比其他品种猫更多的被毛和具有更健壮的身体，它的奔跑速度非常快，是优秀的捕猎能手。蓝白猫的脸部和身体下方有白色，大约占三分之一，其他部分为蓝灰色。挪威森林猫非常自信，但不粗暴，相反很温顺，也很友好，易于相处，非常贪玩，喜欢做一些冒险的事，但总体而言比较安静，适合需要安静的主人。

大杏眼，双眼微微上扬

有很多饰毛的大耳朵

下巴结实，线条略圆

长而粗糙的蓝灰色丰密被毛，被毛有双层，底层被毛浓密，上层被毛长而且防水

面部、颈部、胸部有白色斑纹

不少于体长的长尾巴，被毛长而粗

● 饲养注意事项 ●

挪威森林猫因为生活在北欧，冬天当地气温会达零下 16℃，夏天最高温度为 24℃，所以该品种猫不怕寒冷有点怕热。因此夏季应注意防暑降温。挪威森林猫可能非常喜欢吃动物肝脏，对其他食物则比较抗拒，虽然食用动物肝脏有助于补充维生素 A，但过多摄入有弊无利，可能会导致骨骼变形，肌肉僵硬。

长毛猫

挪威森林猫·棕色玳瑁虎斑猫

棕色玳瑁虎斑猫小名片	
原产国	挪威
别名	森林猫
原产地	挪威
祖先	安哥拉猫 × 短毛猫
体重范围	3 ~ 9 千克
寿命	15 ~ 20 岁
梳理要求	每周 2 ~ 3 次
毛色和花纹	乳黄色、深棕色、红色
性格特点	内向、独立、喜欢冒险
遗传性疾病	糖原病

　　挪威森林猫是挪威本土品种，在斯堪的纳维亚半岛非常流行，是当地人的最爱。它的祖先可追溯到古代时期，可能是 13 世纪的北欧海盗从小亚细亚带回挪威繁衍而成。它是北欧特有的长毛猫。北欧故事中有记载雷神想把它带到天上去，但因为体型太大未能如愿，如此挪威森林猫的受欢迎程度可见一斑。棕色玳瑁虎斑猫底色是乳黄色，身上呈现深棕色的虎斑斑纹，同时有乳黄色和红色斑块。所以也被叫做"补片虎斑猫"。

圆耳端的大耳朵

杏仁状的绿色眼睛

丰富的领毛

棕色玳瑁虎斑色厚被毛

大而圆的足部，趾间长有浓密的披毛

粗壮的尾巴

· 饲养注意事项 ·

　　挪威森林猫的饮食应以肉为主，但也要配蔬菜，否则可能会导致矿物质和维生素摄入不足，使骨骼代谢紊乱。还要注意不要过量食用鱼肝油，否则可能会导致维生素A和维生素D超量，造成骨骼疾病。另外不要摄入太多高脂鱼类和不新鲜的肥肉，可能会导致维生素E不足，造成脂肪发炎，引起疼痛。

挪威森林猫·黑白猫

黑白猫小名片	
原产国	挪威
别名	森林猫
原产地	挪威
祖先	安哥拉猫 × 短毛猫
体重范围	3 ~ 9 千克
寿命	15 ~ 20 岁
梳理要求	每周 2 ~ 3 次
毛色和花纹	黑色、白色
性格特点	内向、独立、喜欢冒险
遗传性疾病	糖原病

　　挪威森林猫长有双层被毛，一层是绒毛一层是防水毛，丰厚的绒毛用来保温，前端油脂可用来避风雪；其大腿肌肉结实健壮，后肢比前肢略长，因为后肢的毛丛生，所以像穿灯笼裤一样；大杏仁状的眼睛，表情丰富，头部呈三角形，拥有宽阔的胸部和发达的肌肉，爬树是它的强项，最好养在有庭院或环境比较宽敞的家庭中，不适宜长期饲养在室内。

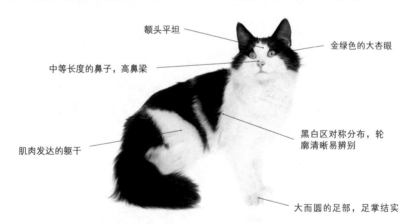

额头平坦

金绿色的大杏眼

中等长度的鼻子，高鼻梁

黑白区对称分布，轮廓清晰易辨别

肌肉发达的躯干

大而圆的足部，足掌结实

● **饲养注意事项** ●

　　挪威森林猫喜欢食用温热的食物，太凉、太冷的食物容易造成消化功能紊乱，通常食物的温度在 30 ~ 40℃ 之间，同时给它准备足量的清水供饮用，要注意每天换水。给猫咪喂食最好定时定点，因为猫咪一旦形成生物钟就不容易改变，它也不喜欢在客人面前进食，也不喜欢在嘈杂的环境和强光照射下饮食。

挪威森林猫·蓝乳黄色白色猫

蓝乳黄色白色猫小名片	
原产国	挪威
别名	森林猫
原产地	挪威
祖先	安哥拉猫 × 短毛猫
体重范围	3 ~ 9 千克
寿命	15 ~ 20 岁
梳理要求	每周 2 ~ 3 次
毛色和花纹	白色、蓝乳黄色
性格特点	内向、独立、喜欢冒险
遗传性疾病	糖原病

　　蓝乳黄色白色挪威森林猫蓝颜色分布不均，色块较多，被毛有近二分之一的部分为白色，其他部分为蓝乳黄色。挪威森林猫已经进化了几个世纪了，祖先最初生活在挪威森林，需要自己觅食且要保护自己免受伤害，生存下来的猫咪无疑是聪明的、健壮的，是很好的猎手且能快速逃离敌人，它们的肌肉发达，速度敏捷，拥有强而有力的下巴和长方形的强健身躯，覆盖有完整、暖和、浓密的防水被毛，显得警觉、威风、勇敢。

三角形的头部

中等长度的健壮躯干覆盖有多个色块

长长的厚羽状尾巴

宽阔的深胸

腰窝深，腰围大，但不显得肥胖

像穿灯笼裤一样的后肢，被毛丛生，且比前腿略长

● 饲养注意事项 ●

　　挪威森林猫因为毛较长，所以夏天容易中暑。中暑后要先将猫抱到阴凉或通风的场所，用冰块或冰水给它降温，同时尽快转到兽医处进行救治。给猫咪喂食物的食盘最好固定使用，不要随意更换，因为它很敏感，换了食盘可能会抗拒进食。要保持食盘的清洁，食盘下可垫清洁垫以便清洁。吃剩的食物最好倒掉，或处理后和下次的食物混合在一起给猫咪食用。

土耳其梵猫·乳黄色猫

乳黄色猫小名片	
原产国	土耳其
别名	梵猫、土耳其凡湖猫
原产地	土耳其
祖先	非纯种本地猫
体重范围	3 ~ 8.5 千克
寿命	12 ~ 17 岁
梳理要求	每周 2 ~ 3 次
毛色和花纹	白色、蓝乳黄色
性格特点	聪明、活泼、贪玩

土耳其梵猫起源于土耳其的梵湖地区，所以又称土耳其梵湖猫，属于半长毛猫，由土耳其安哥拉猫突变而成。全身没有一根杂毛，非常白，毛质如同丝绸般光滑，在阳光照射下会发亮，只有耳部、尾部有乳黄色、浅褐色斑纹，有的会在背部有"拇指痕"。其外表华丽，性格聪明、外向、活泼，喜欢攀爬，爱戏水，会在浅水区游泳，叫声非常甜美，容易相处，是适合家庭饲养的宠物猫。

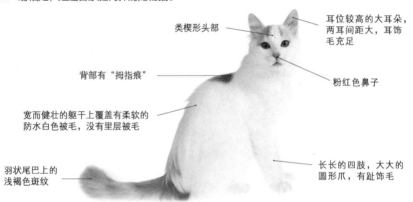

类楔形头部

耳位较高的大耳朵，两耳间距大，耳饰毛充足

背部有"拇指痕"

粉红色鼻子

宽而健壮的躯干上覆盖有柔软的防水白色被毛，没有里层被毛

羽状尾巴上的浅褐色斑纹

长长的四肢，大大的圆形爪，有趾饰毛

●饲养注意事项●

土耳其梵猫喜欢在浅水区游泳，游泳后身上的水很容易甩干，不需要饲养者特殊的护理，但有一些隐藏部位，还是要饲养者帮助吹干，以免引发皮肤病。土耳其梵猫喜欢攀爬，也是跳跃高手，饲养者应注意房间内危险的物品的存放。该猫除了会坚定地抢夺它想要的东西外，还表现出对主人的占有欲，很像狗，所以也被称为"猫模样的狗"。

西伯利亚猫·金色虎斑猫

金色虎斑猫小名片	
原产国	俄罗斯
全名	西伯利亚森林猫
原产地	俄罗斯
祖先	非纯种本地猫
体重范围	4.5 ~ 9 千克
寿命	13 ~ 18 岁
梳理要求	每天 1 次
毛色和花纹	虎斑色、金色、白色等所有颜色和花纹
性格特点	活泼、机警

　　金色虎斑西伯利亚猫属于中大型猫，整个身体圆滚滚的，被长长的被毛所覆盖，被毛硬而光滑呈油性，底层绒毛又多又厚，这与西伯利亚地区的严寒气候是分不开的。西伯利亚猫发育较慢，至少需要五年才能完全发育成熟，在西伯利亚乡下很容易见到，是非常普通的猫。西伯利亚猫虽然个头大，个性也很强，但很友好，性格活泼好动，喜欢跳跃和游戏，感情丰富，很依恋主人。2012 年，曾被俄罗斯总统普京回赠给日本外相。

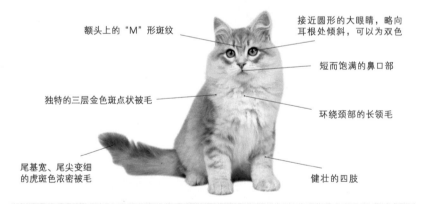

额头上的"M"形斑纹

接近圆形的大眼睛，略向耳根处倾斜，可以为双色

短而饱满的鼻口部

独特的三层金色斑点状被毛

环绕颈部的长领毛

尾基宽、尾尖变细的虎斑色浓密被毛

健壮的四肢

● 饲养注意事项 ●

　　西伯利亚猫由于毛长而多，自己清理可能有不到位的地方，所以需要饲养者帮助其清洗。但洗澡次数大概夏天两周一次，冬天两个月一次就够了，不能太频繁。洗澡时注意不要洗猫咪的脸部，头部尽量不打湿，以免引起猫咪反感。给猫咪吹干后，可以用不含类固醇的抗生素眼药水和滴耳油对猫咪的眼睛和耳朵进行保养。

长毛猫

西伯利亚猫·黑色猫

黑色猫小名片	
原产国	俄罗斯
全名	西伯利亚森林猫
原产地	俄罗斯
祖先	非纯种本地猫
体重范围	4.5 ~ 9 千克
寿命	13 ~ 18 岁
梳理要求	每天 1 次
毛色和花纹	黑色
性格特点	活泼、机警

有关西伯利亚猫出现的最早的文字记录在 11 世纪，所以该猫品种至少出现了千年，属于大体型猫，毛半长，但很浓密，它可能是西伯利亚和乌克兰地区的家猫与当地野猫的杂交后代，杂交后出现虎斑花纹的西伯利亚猫很常见，纯色猫不常见。黑色西伯利亚猫被毛浓密且能防水，肌肉发达，出生时被毛较短，3 个月后开始有护毛，后腿和尾巴上覆盖有长毛。

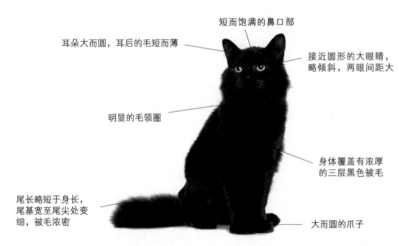

短而饱满的鼻口部

耳朵大而圆，耳后的毛短而薄

接近圆形的大眼睛，略倾斜，两眼间距大

明显的毛领圈

身体覆盖有浓厚的三层黑色被毛

尾长略短于身长，尾基宽至尾尖处变细，被毛浓密

大而圆的爪子

•饲养注意事项•

黑色西伯利亚猫的颜色会随着年龄的增长而变深，不会维持"纯黑"的状态，晒太阳后就会变得发红、发棕。西伯利亚猫爪子大而有力，洗澡的时候要防止被抓伤。

美国卷耳猫·白色猫

白色猫小名片	
原产国	美国
别称	卷耳猫、反耳猫
原产地	美国
祖先	非纯种卷耳猫
体重范围	3 ~ 5 千克
寿命	13 ~ 20 岁
梳理要求	每周 1 次
毛色和花纹	白色
性格特点	温柔、好奇心强

　　美国卷耳猫起源于美国的加利福尼亚州，据说源自 1981 年被丢弃的黑色母猫，1983 年开始培育，美国卷耳猫不是人为造成的，而是基因突变的结果，耳朵卷曲基因是常染色体显性基因，而且据研究发现，遗传 DNA 没有任何缺陷，这意味着它是一个新的健康的品种。白色美国卷耳猫除尾巴上有乳黄色斑点外，其他部分都是白色的。除了卷曲的耳朵，它大核桃状的眼睛和中等大小的矩形身体也是关键特征。

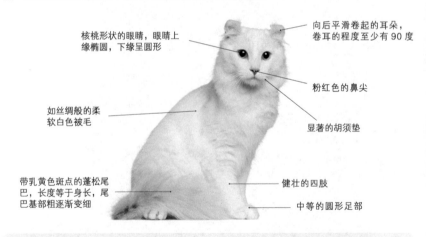

核桃形状的眼睛，眼睛上缘椭圆，下缘呈圆形

如丝绸般的柔软白色被毛

带乳黄色斑点的蓬松尾巴，长度等于身长，尾巴基部粗逐渐变细

向后平滑卷起的耳朵，卷耳的程度至少有 90 度

粉红色的鼻尖

显著的胡须垫

健壮的四肢

中等的圆形足部

•饲养注意事项•

　　在对美国卷耳猫进行护理的时候，要注意不要折反它的耳朵，以免把软骨折断。该猫聪明、温柔且性情稳定，不爱多叫，总是知道该怎么和主人沟通，很善解人意。美国卷耳猫有"洁癖"，一天要用爪子多次洗脸，是爱干净的宠物。

美国卷耳猫·红白猫

红白猫小名片	
原产国	美国
别称	卷耳猫、反耳猫
原产地	美国
祖先	非纯种卷耳猫
体重范围	3 ~ 5 千克
寿命	13 ~ 20 岁
梳理要求	每周 1 次
毛色和花纹	红色、白色
性格特点	温柔、好奇心强

美国卷耳猫出生时耳朵是垂直的，只在 4 ~ 7 天时耳朵会有明显卷曲，四个月以后耳朵定型。该猫不管毛色、毛的长短，耳朵总是卷曲着并有毛发装饰，摸上去手感牢固，美丽又时尚。美国卷耳猫的卷曲程度有三种，轻度、部分、新月，其中以新月型卷耳为最佳。红白美国卷耳猫头部和背部、尾部等部位有红色被毛，其余部分为白色，并间隔有白色、红色斑纹。

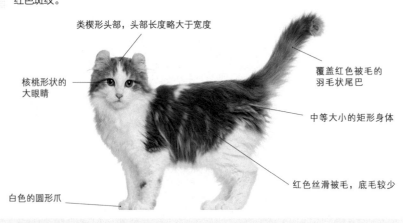

类楔形头部，头部长度略大于宽度

核桃形状的
大眼睛

覆盖红色被毛的
羽毛状尾巴

中等大小的矩形身体

红色丝滑被毛，底毛较少

白色的圆形爪

• 饲养注意事项 •

美国卷耳猫没有底毛，只有一层被毛，毛发不易打结，也很少脱毛，相对来说毛发不难打理。但是梳理毛发也是主人和猫咪沟通的一种方式，猫咪会很享受这样的过程。毛发的梳理最好时间固定，如果猫咪有反抗情绪，不要强行梳理，可以等猫咪放松后再进行。

美国卷耳猫·黄棕色虎斑猫

黄棕色虎斑猫小名片	
原产国	美国
别称	卷耳猫、反耳猫
原产地	美国
祖先	非纯种卷耳猫
体重范围	3 ~ 5 千克
寿命	13 ~ 20 岁
梳理要求	每周 1 次
毛色和花纹	乳黄色、虎斑斑纹、黄棕色
性格特点	温柔、好奇心强

　　黄棕色虎斑美国卷耳猫身体底色为乳黄色，身上有虎斑斑纹，美国卷耳猫允许所有毛色、阴影色和花纹，加上优雅的体型和卷曲的耳朵使其非常吸引人们的注意。美国卷耳猫的卷耳至少有 90 度的弧度，但不应超过 180 度，耳朵呈旋转状，两耳耳尖对称。该猫聪明伶俐，性格平和，动作灵敏，温顺可爱，是热爱和平的宠物。它不爱叫，但它知道怎么让主人知道它的需求。

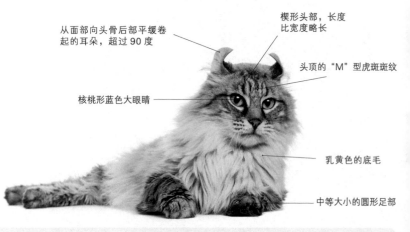

从面部向头骨后部平缓卷起的耳朵，超过 90 度

楔形头部，长度比宽度略长

头顶的"M"型虎斑斑纹

核桃形蓝色大眼睛

乳黄色的底毛

中等大小的圆形足部

● 饲养注意事项 ●

　　美国卷耳猫属于长毛猫，虽然爱干净，但清理能力有限，需要饲养者辅助洗澡进行彻底清理。但洗澡次数也不能太频繁，夏季一个月两次，冬季一个月一次就可以了。最好在猫咪出生两个月以后再洗澡。

缅因猫·白色猫

白色猫小名片	
原产国	美国
全名	缅因库恩猫
祖先	非纯种长毛猫
体重范围	4 ~ 7.5 千克
寿命	10 ~ 15 岁
梳理要求	每周 2 ~ 3 次
毛色和花纹	白色
性格特点	独立、聪明、活泼
遗传性疾病	肥厚型心肌病、脊髓性肌萎缩

缅因猫在北美是第一个产生的猫类长毛品种。它身强体壮，在猫类中属于体型较大的品种。它因为起源于美国缅因州而得名缅因猫。缅因猫有着精湛的捕鼠技术和吃苦耐劳的精神，深受当地人欢迎。缅因猫的外表与西伯利亚森林猫极其相似。缅因猫性格温柔，善解人意，性格有点倔强，独立性很强，对人亲近，能与人很好地相处，是良好的宠物。

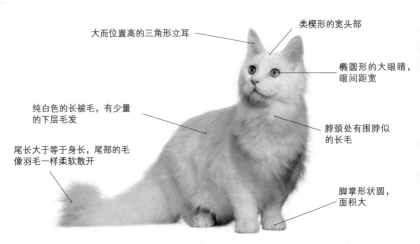

大而位置高的三角形立耳

类楔形的宽头部

椭圆形的大眼睛，眼间距宽

纯白色的长被毛，有少量的下层毛发

脖颈处有围脖似的长毛

尾长大于等于身长，尾部的毛像羽毛一样柔软散开

脚掌形状圆，面积大

• 饲养注意事项 •

　　猫咪喜欢磨爪子，为了避免它的爪子磨损家具，建议主人为它准备一个猫爬架，喜欢往高处爬的它会很兴奋的。按时替它修剪趾甲也是一个不错的选择。另外，鱼骨、鸡骨等不易消化的食物，不要给猫咪吃，以免刺伤胃肠。

缅因猫·银色虎斑猫

银色虎斑猫小名片	
原产国	美国
全名	缅因库恩猫
祖先	非纯种长毛猫
体重范围	4 ~ 7.5 千克
寿命	10 ~ 15 岁
梳理要求	每周 2 ~ 3 次
毛色和花纹	银白色、黑色虎斑
性格特点	独立、聪明、活泼
遗传性疾病	肥厚型心肌病、脊髓性肌萎缩

缅因猫拥有特别的睡眠习惯，它选择睡觉的地点不同于其他种类的猫，它似乎喜欢待在人类眼中并不舒服的地方睡觉，例如房间的角落或偏僻古怪的地方。有的人认为是以前渔民经常带着缅因猫出海，让它们在船上捉鼠，养成了睡角落的习惯；还有的人认为以前的农户把猫放在农场或者仓库里，让它们消灭老鼠，它们的祖先习惯了睡在高低不平的地方。

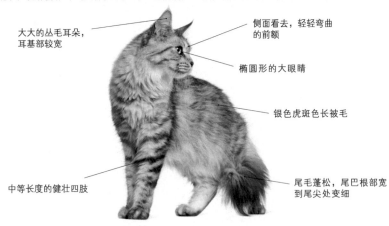

大大的丛毛耳朵，耳基部较宽

侧面看去，轻轻弯曲的前额

椭圆形的大眼睛

银色虎斑色长被毛

中等长度的健壮四肢

尾毛蓬松，尾巴根部宽到尾尖处变细

● 饲养注意事项 ●

主人每天最好抽出一定的时间来陪猫咪玩耍，不仅可以增进两者之间的关系，更重要的是通过嬉戏可以增加它的运动量，从而达到锻炼身体的目的，避免产生肥胖病的可能。缅因猫是肉食动物，肉类和鱼类含丰富的动物性蛋白质，同时可配一些蔬菜、水果，防止便秘。

缅因猫·棕色标准虎斑猫

棕色标准虎斑猫小名片	
原产国	美国
全名	缅因库恩猫
祖先	非纯种长毛猫
体重范围	4 ~ 7.5 千克
寿命	10 ~ 15 岁
梳理要求	每周 2 ~ 3 次
毛色和花纹	紫铜色、黑色虎斑
性格特点	独立、聪明、活泼
遗传性疾病	肥厚型心肌病、脊髓性肌萎缩

棕色标准虎斑猫是最广为人知的一种缅因猫，它身上的虎斑有两种不同的斑纹：一种是经典虎斑，身躯上的斑纹呈旋涡状，每个都是没有规律的、随机产生的；另一种是鱼骨刺虎斑，条纹顺着背部往下，是有规律可循的。缅因猫除了睡觉习惯不同于其他猫咪以外，它的另一个特点是它竟然能发出悦耳的叫声，像小鸟般啁啁的声音，非常动听。

头顶上有"M"型斑纹

金色的眼睛，眼间距较宽

背部和腿部的毛长而浓密，表层被毛光滑防水

淡粉色的鼻尖

宽阔的深胸

外表强壮，骨骼大而结实

尾长，尾毛蓬松

● 饲养注意事项 ●

训练猫咪时，可以制造特殊奖励（例如小鱼干）来吸引它们的目光，从而更好地达到训练目的，也会让猫咪下次服从训练更为顺利。但不可喂食太多，以免影响主餐。同时，不可以人们的喜好喂食缅因猫，以免影响其身体健康。

缅因猫·棕色白色虎斑猫

棕色白色虎斑猫小名片	
原产国	美国
全名	缅因库恩猫
祖先	非纯种长毛猫
体重范围	4 ~ 7.5 千克
寿命	10 ~ 15 岁
梳理要求	每周 2 ~ 3 次
毛色和花纹	黄棕色、黑色虎斑、白色
性格特点	独立、聪明、活泼
遗传性疾病	肥厚型心肌病、脊髓性肌萎缩

缅因猫性情温和、聪明机灵、喜欢与人亲近，是一种很好相处的猫。母猫每次产仔在 2 ~ 4 只，发育较为缓慢。这种颜色的猫被毛颜色较为复杂，每只幼崽的毛色差异很大，没有外表相同的猫，但个性上它们没有太大差异。野外生存的猫咪，可以在追捕猎物、寻找食物时获得成就感，但养在家里的猫咪就少了这些趣味，需要主人来陪同嬉戏，这有利于猫咪的身心健康。

椭圆形的铜色眼睛，眼间距宽

类楔形的头部，颧骨较突出

鼻子直而挺，鼻口部呈方形

厚厚的毛领圈，颈部的毛较长

被毛长度不均匀，胸前被毛短，背部被毛则较长

肌肉发达，是猫中体型最大的种类

大而圆的足部，有丰富的饰毛

● 饲养注意事项 ●

缅因猫不喜欢单独进食，家中最好多养些宠物，可以相互作伴玩耍。它讨厌狭窄的公寓，宽敞的空间会让它觉得舒适，建议饲养者给它提供一个较大的活动空间，每天可以带它去公园或草丛玩耍。

长毛猫

缅因猫·乳黄色标准虎斑猫

乳黄色标准虎斑猫小名片	
原产国	美国
全名	缅因库恩猫
祖先	非纯种长毛猫
体重范围	4 ~ 7.5 千克
寿命	10 ~ 15 岁
梳理要求	每周 2 ~ 3 次
毛色和花纹	乳黄色、虎斑色、牡蛎状图案
性格特点	独立、聪明、活泼
遗传性疾病	肥厚型心肌病、脊髓性肌萎缩

缅因猫是一种很聪明的猫，不讨厌水，并且它的被毛有一定防水的功能。在家中，它可能会以玩水取乐。乳黄色标准虎斑猫身体基色为乳黄色，带有虎斑，腹部带有牡蛎状图案。缅因猫喜欢磨爪子，为了家里的家具考虑，最好准备一个猫爬架，猫咪有爬高的天性，它喜欢从高高的地方俯视下面，它会很兴奋地跳来跳去。

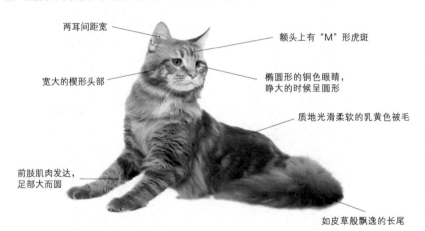

两耳间距宽

额头上有"M"形虎斑

宽大的楔形头部

椭圆形的铜色眼睛，睁大的时候呈圆形

质地光滑柔软的乳黄色被毛

前肢肌肉发达，足部大而圆

如皮草般飘逸的长尾

• 饲养注意事项 •

　　猫本身有自我清洁的能力，无需每天给它洗澡。夏天每半月一次、冬天每月一次帮它清洁即可。洗澡时，不要先浸湿猫的头部，以免引起它的反感而厌恶洗澡。洗澡后，先用毛巾擦干再用吹风机吹干。需定期对猫的眼睛和耳朵进行清洁与保养。

长毛猫

缅因猫·黑色猫

黑色猫小名片	
原产国	美国
全名	缅因库恩猫
祖先	非纯种长毛猫
体重范围	4 ~ 7.5 千克
寿命	10 ~ 15 岁
梳理要求	每周 2 ~ 3 次
毛色和花纹	黑色
性格特点	独立、聪明、活泼
遗传性疾病	肥厚型心肌病、脊髓性肌萎缩

纯黑色缅因猫在阳光照耀下黑色的被毛会泛着棕色或棕黄色。它拥有大而优美的体型，厚而浓密的长被毛，被毛不仅能防水，也能应对北欧恶劣的严冬气候。缅因猫有着优秀的捕鼠能力，现在因为性格惹人喜爱而成为宠物猫。缅因猫发育缓慢，要长到四岁时才能完全成熟，成熟后的缅因猫也可能有着淘气的性格，善解人意，易于相处，是良好的宠物。

耳朵大，耳位高，耳朵上有少许脊毛

黑色的嘴唇

杏仁状的铜色眼睛，黑色的眼圈

宽阔的深胸、结实的躯干上覆盖着黑色的毛发

浓密被毛的长尾巴

大而圆的脚爪，黑色的爪垫

• 饲养注意事项 •

野外生存的缅因猫会因追逐猎物和找寻食物而产生正向的心理刺激，在一次次的胜利中产生了成就感，既锻炼了生存技能，也有利于身心健康。而被圈养在室内的猫咪，失去了这种乐趣，每日的生活由主人来安排，所以饲养者抽出时间陪伴猫咪做游戏是非常有必要的。

长毛猫

褴褛猫

褴褛猫小名片	
原产国	美国
近亲	布偶猫
别名	布履阑珊猫
体重范围	4.5 ~ 9 千克
寿命	7 ~ 15 岁
梳理要求	每周 2 ~ 3 次
毛色和花纹	所有单色被毛，双色、斑纹和玳瑁色花纹
性格特点	安静、温顺

褴褛猫是布偶猫的近亲，由布偶猫培育而来，在外貌上很像挪威森林猫，起源不详。褴褛猫性格温顺，能融入有孩子的家庭中，是一种大体型猫，骨骼很结实，脂肪很厚，全身毛发长而柔软，毛色多样，所有单色被毛及双色、玳瑁色花纹都是允许的，能满足人们对颜色的各种需要。褴褛猫的性格很像一只黏人的狗狗，是主人的忠实伴侣，它会静静地趴在一旁陪伴主人。

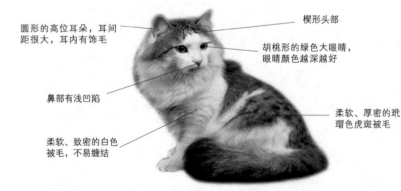

圆形的高位耳朵，耳间距很大，耳内有饰毛

楔形头部

胡桃形的绿色大眼睛，眼睛颜色越深越好

鼻部有浅凹陷

柔软、致密的白色被毛，不易缠结

柔软、厚密的玳瑁色虎斑被毛

● 饲养注意事项 ●

褴褛猫喜欢清洁，最好固定地点让猫咪便溺。该猫咪擅长忍耐疼痛，不要弄痛它们，因为即使有创伤，它们也可能不会有太大的反应。全身覆盖有长长的绒毛，耐寒能力很强。能与其他动物友好相处，但自卫能力一般，适合室内饲养，否则容易遭受攻击。另外褴褛猫容易有泪腺堵塞的情况，脸上会留下黑色斑痕，可以用棉球蘸淡盐水进行擦除。必要时请兽医诊治。

尼比隆猫

尼比隆猫小名片	
原产国	美国
祖先	内花达猫、尼比隆猫
体重范围	2.5 ~ 5 千克
寿命	7 ~ 15 岁
梳理要求	每周 2 ~ 3 次
毛色和花纹	蓝色、有时为银色毛尖色
性格特点	文静、害羞、温顺

　　尼比隆猫是俄罗斯蓝猫和家庭饲养的猫交配而诞生的长毛种，是俄罗斯蓝猫的长毛种，繁育于美国科罗拉多州丹佛市。虽然为长毛种，但只有尾毛较为丰富，和俄罗斯蓝猫的唯一区别是被毛颜色不同。该猫性格文静，乐意取悦人，非常友好，叫声很轻柔，很少扰人，不喜欢外出，愿意待在室内，适应力很强，喜欢宁静，个性温驯，是合格的父母猫。

大大的尖耳朵

健壮优雅的躯干

类楔形的头部

略微呈椭圆形的黄绿色眼睛，双眼间距宽

银色毛尖色蓝被毛

比身体被毛要长的羽状尾巴

椭圆形的足部，有丰富的趾饰毛

●饲养注意事项●

　　尼比隆猫性格比较拘谨，喜欢安静的环境，不容易适应有热闹孩子的家庭。但经过精心调理，它会忠实于主人，非常黏人，喜欢时刻看到并跟随主人。尼比隆猫的长毛需要定期梳理。尼比隆猫的名字源于德语词"Nebel"意思是迷雾或雾霾，形容它闪亮的被毛。

长毛猫

涅瓦河假面猫

涅瓦河假面猫小名片	
原产国	俄罗斯
体重范围	4.5 ~ 9 千克
寿命	7 ~ 15 岁
梳理要求	每周 2 ~ 3 次
毛色和花纹	各种重点色，包括海豹色、蓝色、红色、奶油色、斑纹和玳瑁色
性格特点	温顺

　　涅瓦河假面猫是西伯利亚猫的一个变种，是西伯利亚猫的重点色长毛猫，以流经俄罗斯圣彼得堡的涅瓦河而得名，同时它就像戴着假面舞会的面具，所以命名为涅瓦河假面猫。它有着健壮的身体，温柔的性格，超厚的被毛，也很亲近儿童，是良好的宠物。涅瓦河假面猫是有着明亮蓝色眼睛的俄罗斯森林猫，它有着悠久的历史，它是力量与温柔的化身，是优良的宠物。

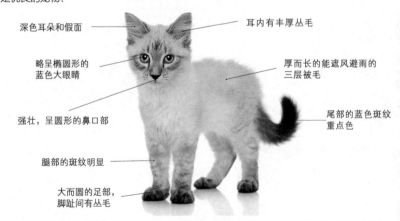

深色耳朵和假面

耳内有丰厚丛毛

略呈椭圆形的蓝色大眼睛

厚而长的能遮风避雨的三层被毛

强壮，呈圆形的鼻口部

尾部的蓝色斑纹重点色

腿部的斑纹明显

大而圆的足部，脚趾间有丛毛

● 饲养注意事项 ●

　　涅瓦河假面猫有着厚而长的三层被毛，其中有两层是里被毛，但不容易缠绕打结，只要定期按时梳理，就可以使涅瓦河假面猫保持良好的外观。该猫拥有骨骼结实的健壮躯干，长而蓬松的尾巴，在头部、腿部、尾部都有重点色斑纹。

苏格兰折耳猫

苏格兰折耳猫小名片	
原产国	英国 / 美国
体重范围	2.5 ~ 6 千克
寿命	13 ~ 15 岁
梳理要求	每周 2 ~ 3 次
毛色和花纹	许多单色和阴影色；大多有斑纹、玳瑁色和重点色花纹
性格特点	温柔、有爱心

　　苏格兰折耳猫由于最初在苏格兰，发现同时耳朵前折所以得名，是以发现地和身体特征来命名的。苏格兰折耳猫的耳朵基因突变，导致在软骨部分有个折，耳朵不得不向前屈折，并指向头的前方。正因为患有先天骨科疾病，所以它常常用坐立的姿势缓解痛苦。苏格兰折耳猫拥有平和的性格，温柔，生命力顽强，也是一个优秀的猎手。它拥有厚厚的被毛，尤其是颈部和尾巴处的被毛更加厚密。

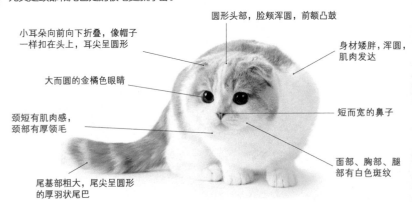

小耳朵向前向下折叠，像帽子一样扣在头上，耳尖呈圆形

大而圆的金橘色眼睛

颈短有肌肉感，颈部有厚领毛

尾基部粗大，尾尖呈圆形的厚羽状尾巴

圆形头部，脸颊浑圆，前额凸鼓

身材矮胖，浑圆，肌肉发达

短而宽的鼻子

面部、胸部、腿部有白色斑纹

● 饲养注意事项 ●

　　苏格兰折耳猫天生存在着遗传性骨骼疾病，即软骨骨质化发育异常，虽然不一定会发病，但存在一定的风险。经研究发现，所有具有折耳基因的折耳猫都可能出现程度不同的骨骼和关节病变，避免遗传病的唯一方法是放弃繁殖折耳猫。而且严格禁止两只折耳猫交配，否则可能会增大了残疾基因的概率而造成尾部或肢体上的残疾。如果家中已有折耳猫，请注意折耳猫的被毛非常厚，最好每天都进行梳理；定期喂食吐毛膏，可以帮助它清理肠胃中不能消化的毛球。

长毛猫

土耳其安哥拉猫·白色猫

白色猫小名片	
原产国	土耳其
别名	安哥拉猫、安卡拉猫
体重范围	2.5 ~ 5 千克
寿命	13 ~ 18 岁
梳理要求	每周 2 ~ 3 次
毛色和花纹	许多单色和阴影色；花色包括斑纹、玳瑁色和双色
性格特点	顽皮、特立独行

　　土耳其安哥拉猫源于 16 世纪的土耳其，是长毛猫中历史最悠久的品种，取名于土耳其首都安卡拉的旧称——安哥拉。后来传入欧洲，因其高贵的姿态广受欢迎，到 19 世纪中叶，由于波斯猫的出现，安哥拉的地位慢慢降低。土耳其安哥拉猫被广泛用于繁殖其他长毛猫品种，但它本身的繁殖却被忽视了。目前，安哥拉猫的分布区域主要在土耳其，其他地方数量很少。

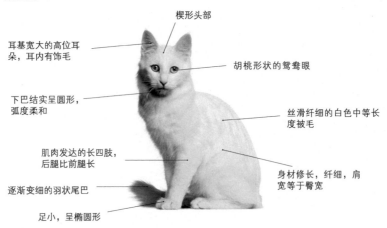

楔形头部

耳基宽大的高位耳朵，耳内有饰毛

胡桃形状的鸳鸯眼

下巴结实呈圆形，弧度柔和

丝滑纤细的白色中等长度被毛

肌肉发达的长四肢，后腿比前腿长

逐渐变细的羽状尾巴

身材修长，纤细，肩宽等于臀宽

足小，呈椭圆形

●饲养注意事项●

　　白色安哥拉猫两只眼睛颜色可能不一样，蓝眼睛对应的耳朵可能是聋的，据说是土耳其之父凯末尔转世后成为聋耳白猫。有时候，公安哥拉猫会到处撒尿，母猫则在半夜狂吼乱叫，民间成为"闹安哥拉猫"。猫咪每天睡眠时间很长，大约 12 ~ 16 小时之间，有部分安哥拉猫会睡眠 20 小时以上。

土耳其安哥拉猫·黑白色猫

黑白色猫小名片	
原产国	土耳其
祖先	非纯种长毛猫
别名	安哥拉猫、安卡拉猫
体重范围	2.5 ~ 5 千克
寿命	13 ~ 18 岁
梳理要求	每周 2 ~ 3 次
毛色和花纹	许多单色和阴影色；花纹包括斑纹、玳瑁色和双色
性格特点	顽皮、特立独行

　　土耳其安哥拉猫数量稀少，骨骼又细又密，有着丝般的被毛，柔软闪亮，有白、黑、红、褐四种颜色，是所有长毛猫品种中最精美的猫咪之一，一般认为白色安哥拉猫最纯正。该猫性格独立，聪明好动，好奇心强，优雅而精致，轻盈而灵动，比例协调，它一心一意爱护主人，善解人意。但它不喜欢被人抚摸和怀抱。它最特别的地方是喜欢水，能在浴池、小溪中畅游。

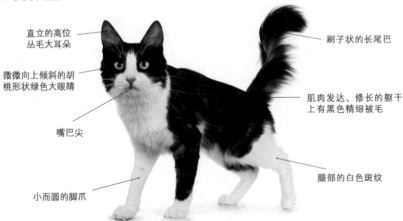

直立的高位丛毛大耳朵

微微向上倾斜的胡桃形状绿色大眼睛

嘴巴尖

小而圆的脚爪

刷子状的长尾巴

肌肉发达、修长的躯干上有黑色精细被毛

腿部的白色斑纹

● 饲养注意事项 ●

　　安哥拉猫非常爱干净，它们的唾液如同强效清洁剂，用来舔护被毛，也因此可能会吞下毛发，在胃中累积成毛球，有时它会吐出毛球。土耳其安哥拉猫有三层眼皮，一般不会露出第三只眼皮，如果长时间暴露，则可能是健康出了问题，应及时送往医院治疗。

英国长毛猫

英国长毛猫小名片	
原产国	英国
别名	低地猫
体重范围	4 ~ 8 千克
寿命	13 ~ 18 岁
梳理要求	每周 2 ~ 3 次
毛色和花纹	有与英国短毛猫一样被认可的毛色和花纹
性格特点	安静、易于相处

英国长毛猫是英国短毛猫的亲戚，在美国和欧洲大不列颠被称作低地猫，它们都有着健壮的身体、又宽又圆的头部、圆形脸颊、一致的毛色，甜美的表情。英国长毛猫的祖先有着显著的战功，早在两千多年前的古罗马帝国时期，它们曾跟随恺撒大帝征战，有着超强的捕鼠能力，保护了罗马军队的粮草，保障了军需的稳定。后来被带到了英国，成为了英国的土著猫。

中等长度的奶油色被毛

圆圆的头部，头骨略扁平

基部粗，逐渐变细的刷状尾巴

大而圆的眼睛，两眼间距离宽

短而结实的身体

短而粗的颈部

后肢长长的马裤状被毛

爪子又大又圆

● 饲养注意事项 ●

英国长毛猫容易掉毛，尤其是在春天换毛的时候，所以应每天梳理毛发以防打结。猫咪有用舌头自我清理的习惯，可能会吃下很多毛发，定期可以喂一点吐毛膏，帮助它清理肠道内的毛球。每天应抽出半小时时间陪它做游戏，既可以增进感情，又可以保持匀称的身材，防止猫咪体型过胖。

短毛猫

　　大多数猫咪都是短毛猫，不论是野生猫还是家养猫，因为猫咪是捕猎者，需要潜行和速度的爆发，短毛使得猫咪捕食时更迅速。猫咪被驯化后，人们繁育了许多品种，大体可分为三类：美国短毛猫、英国短毛猫和东方短毛猫。美国短毛猫和英国短毛猫长有圆圆的头颅，健壮的身体，厚密的双层被毛；东方短毛猫是英美两国培育的暹罗猫的杂交品种。

　　短毛猫对于饲养者来说最大的优点是易于打理，几乎不需要梳理就会很有型，但有的短毛猫的毛发也会出现季节性脱落。

　　短毛猫的皮毛不长，很短，可能有单层皮毛，也可能是双层皮毛。单层皮毛通常由一层丝绒般毛发形成，紧贴身体，比如暹罗猫；双层皮毛由外层粗长毛发和内层柔软的绒毛组成，如俄罗斯蓝猫。

异国短毛猫·白色猫

白色猫小名片	
原产国	美国
祖先	美国短毛猫 × 波斯猫
体重范围	3 ~ 6.5 千克
寿命	13 ~ 15 岁
梳理要求	每天 1 次
毛色和花纹	白色
性格特点	个性顽皮，感情丰富
遗传性疾病	原发性皮脂溢、溶酶体贮积症、多囊性肾病、进行性视网膜萎缩症

异国短毛猫是在 60 年代的美国，以人工方式将波斯猫等长毛种的猫与美国短毛猫、缅甸猫等交配繁殖出来的品种。直到 80 年代，异国短毛猫的品种正式确立，并获得 FIFE（欧洲猫协联盟）的认可。异国短毛猫在外观上基本继承了波斯猫的滑稽造型。除了毛短之外，其他体型、四肢、头脸眼均与波斯猫一样。

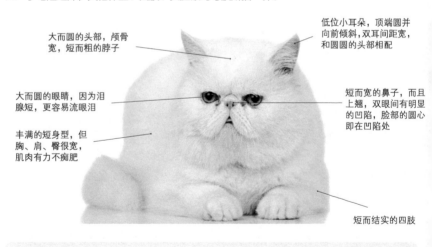

低位小耳朵，顶端圆并向前倾斜，双耳间距宽，和圆圆的头部相配

大而圆的头部，颅骨宽，短而粗的脖子

大而圆的眼睛，因为泪腺短，更容易流眼泪

短而宽的鼻子，而且上翘，双眼间有明显的凹陷，脸部的圆心即在凹陷处

丰满的短身型，但胸、肩、臀很宽，肌肉有力不痴肥

短而结实的四肢

●驯养注意事项●

异国短毛猫（加菲猫）性格可谓是所有猫咪中最好的，他们性情独立、温顺，不爱吵闹，喜欢注视主人却不会前去骚扰，大多数时间会自寻乐趣。异国短毛猫和波斯猫一样有个扁平的鼻子，所以容易有发炎的毛病，因此要经常为它清理脸部。

短毛猫

泰国科拉特猫

泰国科拉特猫小名片	
原产国	泰国
体重范围	2.5～4.5 千克
寿命	9～15 年
梳理要求	每天 1 次
毛色和花纹	蓝色
性格特点	文静、内向
遗传性疾病	肠胃疾病、溶酶体贮积症

科拉特猫原产泰国西北部的考拉特高原，是一个古老品种。此种于 1959 年由泰国引入美国，并于 1965 年得到美国爱好者的公认。科拉特猫的体毛和俄罗斯蓝猫、夏多流猫一样，没有浓淡、没有斑纹，清一色蓝色。心形脸是科拉特猫的一大特色。自古以来泰国人就相信猫能带来幸福，特别是在上流社会中，更被人们所珍重。

独特的心形头部

很大的绿色圆眼睛

耳朵大，耳尖圆，耳基部大大地向外张开

心形脸，并有着平滑的曲线线条

蓝色并有银色毛尖色的贴身被毛

椭圆形的足部，前趾有 5 根趾头，后趾有 4 根趾头

自根部由粗变细的锥形尾巴，中等长度

● 饲养注意事项 ●

科拉特猫比较容易掉毛，所以主人要养成每天为猫咪梳毛的习惯。每天梳毛可以梳掉大量的死毛，是去除掉毛的根本方法，还可以避免毛发打结，同时还起到按摩作用，促进血液循环，增强皮肤的健康。洗澡最好夏天 5～7 天洗一次，冬天 7～10 天洗一次。科拉特猫应尽量避免食用刺激性食物，如胡椒、芥末、辣油；以及太冷和太热食物，因为科拉特猫的舌头怕热，身体对太冷和太热的食物很排斥。

孟买猫

孟买猫小名片	
原产国	美国
祖先	缅甸猫 × 美国短毛猫
体重范围	2.5 ~ 5 千克
寿命	12 ~ 17 岁
梳理要求	每周 1 次
毛色和花纹	黑色
性格特点	稳重、果敢
遗传性疾病	关节痛

　　孟买猫是一个现代品种，在 1958 年由美国育种学家用缅甸猫（黑韶猫）和美国的黑色短毛猫杂交培育而成。1976 年孟买猫曾被爱猫者协会选为冠军。它保留了美国短毛猫的颜色，体形也很像缅甸猫，其具有独一无二的颜色 —— 黑色。孟买猫性情温和，感情丰富，聪明伶俐，外形也是相当漂亮，也越来越受到人们的欢迎。

圆形头部

耳朵中等大小，耳尖略呈圆弧形

传统的"M"形斑纹

古铜色的圆形眼睛，双眼间距宽

鼻短，鼻尖稍呈圆形

紧贴身体的乌黑色发亮短被毛

由粗变细的中等长度尾巴，尾尖呈钝形

黑色足掌，椭圆形的小爪子

●饲养注意事项●

　　孟买猫的舌面粗糙，有特殊的带倒刺的舌乳头，好似一把梳子，孟买猫经常用舌头舔的方法来梳理被毛。舔不到的部位，如头部、肩部、背部、颈部等用爪子来梳理。即便如此，最好还是每周给猫梳理一次。当孟买猫生病或体况不佳时往往出现怕见光、流泪。猫过多地流泪，在鼻侧眼角往往附有眼屎，需要主人时常注意并为猫咪擦拭眼角。

新加坡猫

新加坡猫小名片	
原产国	新加坡
祖先	非纯种斑纹短毛猫
体重范围	2 ~ 4 千克
寿命	10 ~ 17 岁
梳理要求	每周 1 次
毛色和花纹	深褐色和灰黑色；象牙底色与海豹棕色多层分布
性格特点	文静、好奇心重
遗传性疾病	毛球症

新加坡猫起源于新加坡，它们是世界上体型最小的猫咪，因此得到不少猫友的关注。一直到 1987 年，才被美国 TICA 正式确认为宠物猫种，1991 年，新加坡政府将这一品种认定为"国猫"。现如今这一品种依然十分罕见。

新加坡猫还是一种开朗外向的猫咪，喜爱亲近人类，尤其希望得到主人的关注。新加坡猫还有很重的好奇心，经常会因为房屋中的一些响动开启探索模式，但一般不会对家中造成破坏。

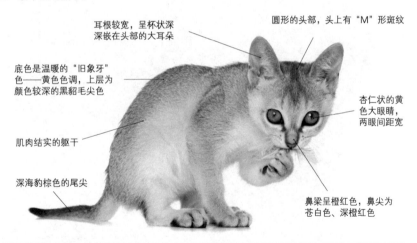

耳根较宽，呈杯状深深嵌在头部的大耳朵

圆形的头部，头上有"M"形斑纹

底色是温暖的"旧象牙"色——黄色色调，上层为颜色较深的黑貂毛尖色

杏仁状的黄色大眼睛，两眼间距宽

肌肉结实的躯干

深海豹棕色的尾尖

鼻梁呈橙红色，鼻尖为苍白色、深橙红色

• 饲养注意事项 •

想要让新加坡猫吃鱼肉，最好的烹调方法是清蒸，这样既能满足猫咪对鱼肉的需求，又能保证猫咪不会因为吃鱼而出现任何意外情况。它跟小孩也能很好地相处，要注意的是家长在让猫咪与孩子相处前一定要帮猫咪做好疫苗接种和驱虫工作。

缅甸猫

缅甸猫小名片	
原产国	缅甸
祖先	1930 年从缅甸带到美国的一只褐色猫
体重范围	4 ~ 7 千克
寿命	16 ~ 18 年
梳理要求	每周 1 次
毛色和花纹	深褐色
性格特点	性格温和，勇敢活泼，
遗传性疾病	肾脏疾病、低钾性多发性肌病、溶酶体贮积症

缅甸猫，以圆著称，无论头部正面还是侧面，从头到尾都是圆头圆脑，浑圆丰腴。共有 10 个品种，其中以全身呈黑貂棕褐色为最理想，各种缅甸猫的眼睛都是黄色的。缅甸猫的体重显得偏重，通常被形容为"包在丝绸里的砖"。缅甸猫喜欢和人待在一起，不惧怕陌生人，像个小孩子，和谁都能亲近，是很好的观赏伴侣动物，很适合饲养在有小孩的家庭。

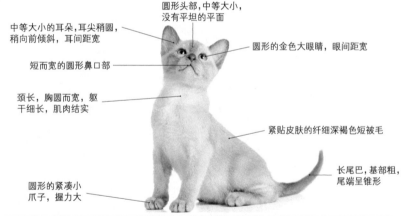

圆形头部，中等大小，没有平坦的平面

中等大小的耳朵，耳尖稍圆，稍向前倾斜，耳间距宽

圆形的金色大眼睛，眼间距宽

短而宽的圆形鼻口部

颈长，胸圆而宽，躯干细长，肌肉结实

紧贴皮肤的纤细深褐色短被毛

长尾巴，基部粗，尾端呈锥形

圆形的紧凑小爪子，握力大

● 饲养注意事项 ●

　　欧洲缅甸猫是个喜欢和人类相处的猫咪，喜欢黏人，和家中任何的成员都很亲密。欧洲缅甸猫也是聪明的猫猫，平时在养护的同时也可以适当地训练猫咪。缅甸猫较早熟，雌猫在 7 月龄即可发情受孕，平均每窝产 5 只仔猫，小猫出生时呈咖啡色被毛，随着生长逐渐变暗。

短毛猫

东方短毛猫·外来白色猫

外来白色猫小名片

原产国	英国
祖先	暹罗猫交叉配种
体重范围	4 ~ 6.5 千克
寿命	14 ~ 20 年
梳理要求	每周 1 次
毛色和花纹	白色
性格特点	有着相当高的智商，性格多变
遗传性疾病	肠胃病、溶酶体贮积症

　　东方短毛猫的诞生似乎是一个意外，遗传学们本想制造出纯白色的暹罗猫，便以白色与暹罗猫配种，但后代却显现出各色的遗传基因，诞生了多彩多姿的东方短毛猫。它的颜色非常多样，除了纯白色，另有红色、棕色、巧克力色的斑纹或色块组合出现。东方短毛猫的体型与暹罗猫十分相似。楔形的脑袋，精悍的躯干，细长而柔软的尾巴，短短的被毛紧贴皮肤。

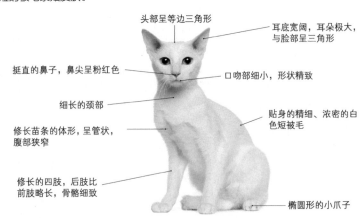

头部呈等边三角形

耳底宽阔，耳朵极大，与脸部呈三角形

挺直的鼻子，鼻尖呈粉红色

口吻部细小，形状精致

细长的颈部

贴身的精细、浓密的白色短被毛

修长苗条的体形，呈管状，腹部狭窄

修长的四肢，后肢比前肢略长，骨骼细致

椭圆形的小爪子

● 饲养注意事项 ●

　　同大多数猫一样，它们的肠胃比较弱，喂养时所给的猫粮最好是固定品牌，东方短毛猫是东方体型，也就是瘦猫，所以，主人还要特别注意每天准备的食量，不要太多。东方短毛猫十分喜欢亲近主人，所以不要让它长时间地单独留在家中，主人回家后最好能多抽时间和它们玩耍。

东方短毛猫·外来蓝色猫

外来蓝色猫小名片	
原产国	英国
祖先	暹罗猫交叉配种
体重范围	4 ~ 6.5 千克
寿命	14 ~ 20 年
梳理要求	每周 1 次
毛色和花纹	蓝色
性格特点	有着相当高的智商，性格多变
遗传性疾病	肠胃病、溶酶体贮积症

　　东方短毛猫，外来蓝色猫于 1972 年被 CFA（国际爱猫联合会）认可，成为新的东方短毛猫品种。东方短毛猫十分喜欢亲近主人，同时他们的嫉妒心很强，如果主人不慎冷落了它，它很可能会吃醋，甚至发脾气。外来蓝色猫的性格活泼外向，喜爱交际，嗓声较大，不喜欢孤独。所以主人最好抽出一定时间陪伴，这样不仅能促进双方感情，也有利于猫咪的身心健康。

平直的额头

耳朵大，耳基部宽，耳尖处尖

祖母绿色的眼睛，眼梢倾斜

鼻尖和下巴呈一条线

紧贴身体的蓝色短被毛

细长的尾巴，尾基部也是纤细的

椭圆形的小爪子

・饲养注意事项・

　　东方猫是非常适合做伴侣宠物的，原因主要有以下三点：①它们对人友善，不管是主人还是陌生人，它们都不会有攻击性；②它们对孩子完全没有威胁，不少孩子甚至会喜欢跟它们一起玩耍；③它们的适应性强，不会乱叫，容易被训练。

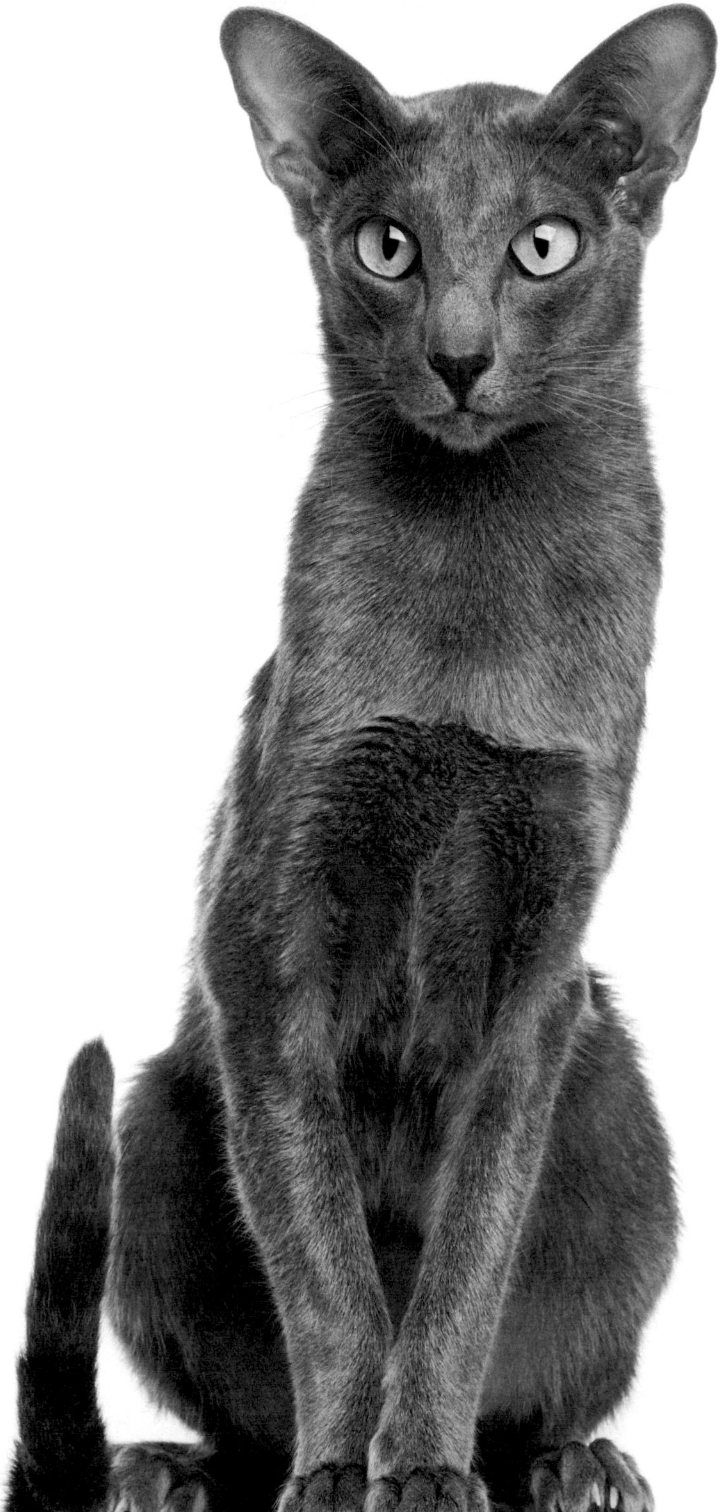

东方短毛猫·外来黑色猫

外来黑色猫小名片	
原产国	英国
祖先	暹罗猫交叉配种
体重范围	4 ~ 6.5 千克
寿命	14 ~ 20 年
梳理要求	每周 1 次
毛色和花纹	黑色
性格特点	有着相当高的智商，性格多变
遗传性疾病	肠胃病、溶酶体贮积症

　　外来黑色猫的被毛乌黑油亮，为纯黑色，又被称为"东方乌木猫"。在现在饲养的东方短毛猫中有着悠久的历史。东方猫也很喜欢撒娇，主人在与东方猫相处的过程中会非常有存在感，在猫咪跟你撒娇时，你要立刻给予回应，如果长期无视猫咪的撒娇，那么它们就会渐渐疏远你。长期下去，猫咪心情会抑郁，进而影响它的身心健康。

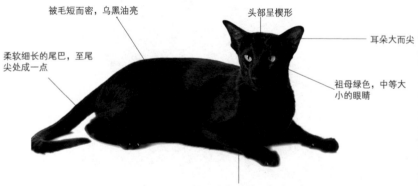

被毛短而密，乌黑油亮

头部呈楔形

耳朵大而尖

柔软细长的尾巴，至尾尖处成一点

祖母绿色，中等大小的眼睛

四肢修长，身体比例协调

• 饲养注意事项 •

　　由于东方猫有一颗活泼好动的心，所以它们的生活空间一定不能小，让猫咪生活在一个狭小的空间里无益于让它们坐牢，它们旺盛的精力无处得到发泄，最后可能会导致猫咪变得易怒或具有攻击性等。为了给猫咪充足的运动量，有的主人会带猫咪出去遛弯，一定要注意给猫咪戴上牵引绳，否则像东方短毛猫这样好奇心极重、又喜欢攀爬的猫咪很容易遇到一些危险。

东方短毛猫·黑白猫

黑白猫小名片	
原产国	英国
祖先	暹罗猫交叉配种
体重范围	4 ~ 6.5 千克
寿命	14 ~ 20 年
梳理要求	每周 1 次
毛色和花纹	黑白色
性格特点	有着相当高的智商，性格多变
遗传性疾病	肠胃病、溶酶体贮积症

东方短毛猫的品种繁多，颜色多变，黑白猫是其中很常见的品种。黑白猫全身比例适当，体态匀称，四肢修长，骨骼较为纤细。黑白猫的黑色、白色毛区轮廓清晰，界限分明，很容易辨认。东方短毛猫的适应能力很强，对不是太恶劣的环境都能适应，同时也不害怕闯入陌生的环境。东方短毛猫拥有高智商，能取回主人要的东西，它天生好动，喜欢玩，充满神秘感。

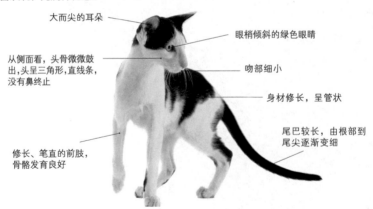

大而尖的耳朵

眼梢倾斜的绿色眼睛

从侧面看，头骨微微鼓出，头呈三角形，直线条，没有鼻终止

吻部细小

身材修长，呈管状

修长、笔直的前肢，骨骼发育良好

尾巴较长，由根部到尾尖逐渐变细

• 饲养注意事项 •

东方猫的毛发柔软、富有光泽，想要让猫咪拥有一身健康的毛发，主人需要定期给它们做好养护工作。梳毛是必不可少的，每天梳一次毛不仅可以让毛发更顺滑，还能促进猫咪身体血液循环，维持健康的状态。

短毛猫

东方短毛猫·乳黄色斑点猫

乳黄色斑点猫小名片	
原产国	英国
祖先	暹罗猫交叉配种
体重范围	4 ~ 6.5 千克
寿命	14 ~ 20 年
梳理要求	每周 1 次
毛色和花纹	乳黄色
性格特点	有着相当高的智商，性格多变
遗传性疾病	肠胃病、溶酶体贮积症

此猫种于 1960 年之后就在英国刊物上进行大量报道，但直至 1975 年，此猫种才得到美国的承认。乳黄色斑点猫的斑点颜色为深褐色，身体底色为浓乳黄色，斑点为间隔均匀的圆形。现如今，各种虎斑花色的东方短毛猫越来越受到美国人的喜爱。东方短毛猫喜欢玩，但是由它决定什么时候玩，并不是主人想和它玩，它就会服从，所以它有点固执。

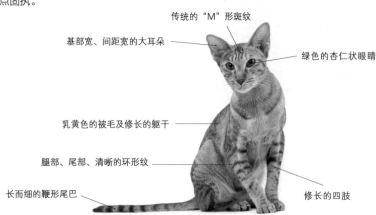

传统的"M"形斑纹

基部宽、间距宽的大耳朵

绿色的杏仁状眼睛

乳黄色的被毛及修长的躯干

腿部、尾部、清晰的环形纹

长而细的鞭形尾巴

修长的四肢

• 饲养注意事项 •

　　定期洗澡也是猫咪毛发养护工作中的一个重要环节，沐浴露要用猫咪专用的、水温要适合等老生常谈的问题就不再赘述，需要提醒大家的是，因为东方猫十分活泼，所以对于不喜欢水的猫咪来说，洗澡就变成了一项艰巨的任务，主人可要提前做好应对准备。

东方短毛猫·棕色虎斑猫

棕色虎斑猫小名片	
原产国	英国
祖先	暹罗猫交叉配种
体重范围	4 ~ 6.5 千克
寿命	14 ~ 20 年
梳理要求	每周 1 次
毛色和花纹	乳黄色
性格特点	有着相当高的智商，性格多变
遗传性疾病	肠胃病、溶酶体贮积症

东方短毛猫继承了暹罗猫的部分性格特点，它们都一样活泼好动、依赖主人、聪明伶俐。如果你养过暹罗猫或者曾经接触过暹罗猫，那么饲养一只东方猫对你来说完全没难度。棕色虎斑猫身体底色为浓乳黄色，虎斑为深棕色，是东方短毛猫中比较普通的猫种。但它性格也很顽固，它不喜欢做的事情，采取什么办法都没有用。同时也很古怪，有时对陌生人反倒比对主人服从。

修长的四肢

大大的直立耳

修长的颈部

修长纤细的身躯

深棕色的虎斑斑纹

精致的椭圆形小爪子

● 饲养注意事项 ●

东方短毛猫喜欢玩耍，特别是晚上，为了不影响家人休息，最好从小教导猫咪，将猫咪的玩耍时间提前到晚饭后。零食对猫咪的健康来说并无益处，所以主人一定要控制好给零食的频率和量。不要给猫咪吃洋葱，会破坏它的红细胞而引起贫血，严重的会导致死亡。

东方短毛猫·棕色白色猫

棕色白色猫小名片	
原产国	英国
别名	暹罗猫交叉配种
体重范围	4 ~ 6.5 千克
寿命	14 ~ 20 年
梳理要求	每周 1 次
毛色和花纹	棕色、白色
性格特点	有着相当高的智商，性格多变
遗传性疾病	肠胃病、溶酶体贮积症

棕色白色猫的智商要高于一般的纯色东方短毛猫。这种猫咪，天性好动，异常淘气与充满好奇心。同时，对主人忠心耿耿。东方短毛猫非常喜欢亲近主人，所以不要让它单独留在家里。棕色白色猫身材修长，棕色与白色分布均匀，轮廓清晰，其外表颇具异国风范，神秘感十足。它的被毛短而浓密，细腻而丝滑，在运动时非常有层次感，显得华丽而闪亮。

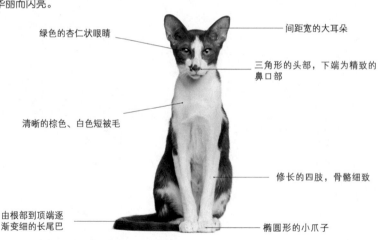

绿色的杏仁状眼睛

间距宽的大耳朵

三角形的头部，下端为精致的鼻口部

清晰的棕色、白色短被毛

修长的四肢，骨骼细致

由根部到顶端逐渐变细的长尾巴

椭圆形的小爪子

● 饲养注意事项 ●

　　为了让猫咪的毛发看上去更有光泽，主人可以多给猫咪补充各种营养，一般情况下，主人可以为猫咪适量补充维生素 A、维生素 B_6 等，这些维生素可以维持猫咪毛发的柔顺。但要注意的是，维生素的补充不能过量，过量补充维生素会导致猫咪中毒。

东方短毛猫·黑玳瑁色银白斑点猫

黑玳瑁色银白斑点猫小名片	
原产国	英国
别名	暹罗猫交叉配种
体重范围	4～6.5千克
寿命	14～20年
梳理要求	每周1次
毛色和花纹	玳瑁色
性格特点	有着相当高的智商，性格多变
遗传性疾病	肠胃病、溶酶体贮积症

现代玳瑁色东方短毛猫的繁育大约开始于 20 世纪 60 年代。人们利用单色的东方短毛猫与红色、玳瑁色等品种暹罗猫交叉配种繁育，最终于 80 年代获得正式认定，成为东方短毛猫中的独立品种。黑玳瑁色银白斑点猫有着东方猫的体形以及不甚明显的虎斑纹，其身体的基色为玳瑁色，同时带有银色，身上的圆形斑点很是分明。

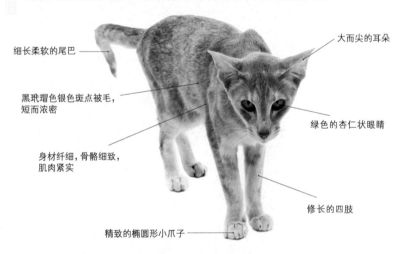

细长柔软的尾巴 ——

黑玳瑁色银色斑点被毛，短而浓密

身材纤细，骨骼细致，肌肉紧实

精致的椭圆形小爪子 ——

大而尖的耳朵

绿色的杏仁状眼睛

修长的四肢

● 饲养注意事项 ●

东方短毛猫算的是比较爱吃鱼的一种猫咪，但在给猫咪准备食物时，主人最好要注意烹饪方式，清蒸(调味料慎放)不仅可以保留鱼的鲜美，也能避免猫咪摄入过多的盐、油等，最大化地保证了猫咪的身体健康。

暹罗猫·巧克力色重点色猫

巧克力色重点色猫小名片	
原产国	泰国
别名	非纯种短毛猫
体重范围	2.5 ~ 5.5 千克
寿命	10 ~ 20 年
梳理要求	每周 1 次
毛色和花纹	巧克力色、象牙色
性格特点	感情丰富、活泼
遗传性疾病	溶酶体贮积症

　　暹罗猫起源于 14 世纪,据记载,暹罗猫早在几百年前就生活在泰国的皇宫和寺庙中,之后它们被作为外交礼物而送给其他国家。巧克力色重点色猫由早期的海豹色重点色猫发展而来,直到 1950 年才获准参加猫展。幼猫为纯白色,在 1 岁左右才完全长出巧克力色的重点色,是比较少见的暹罗猫品种。暹罗猫的声音不是很好听,没有波斯猫那样甜美,但只要主人训练得当,是不会乱叫的。

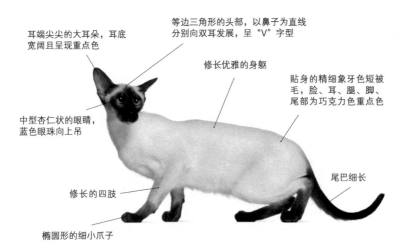

耳端尖尖的大耳朵,耳底宽阔且呈现重点色

等边三角形的头部,以鼻子为直线分别向双耳发展,呈 "V" 字型

修长优雅的身躯

贴身的精细象牙色短被毛,脸、耳、腿、脚、尾部为巧克力色重点色

中型杏仁状的眼睛,蓝色眼珠向上吊

尾巴细长

修长的四肢

椭圆形的细小爪子

• 饲养注意事项 •

　　定期给猫咪洗澡可以去除它们身上的灰尘和异味,减少疾病发生的概率等。一般情况下,每月洗一次澡就可以达到清洁猫咪身体的效果。如果过于频繁地洗澡,猫咪身体油脂平衡可能会被打破,这样反而不利于猫咪皮肤和毛发的健康。

暹罗猫·蓝色重点色猫

蓝色重点色猫小名片	
原产国	泰国
别名	非纯种短毛猫
体重范围	2.5 ~ 5.5 千克
寿命	10 ~ 20 年
梳理要求	每周 1 次
毛色和花纹	蓝色、米色
性格特点	感情丰富、活泼
遗传性疾病	溶酶体贮积症

　　蓝色重点色猫是暹罗猫的传统品种之一，从 20 世纪 30 年代至今，一直深受人们的喜爱。暹罗猫虽然很聒噪，但它们却很亲人，而且如果长时间没有主人的陪伴，暹罗猫会郁闷很长一段时间。它的长相跟普通猫咪相差太多，很多人一见到这种猫咪就不会再忘记。暹罗猫是一种异常活泼的猫咪，精力非常充沛。据说蓝色重点色猫是暹罗猫中最温柔，感情最丰富的品种。

楔形头部

耳根略宽的大耳朵，耳末端较尖

杏仁状的蓝色中等大小眼睛，略向鼻部倾斜

紧致的米色短被毛，脸、耳、脚、尾为蓝灰色

体型中等，颈长，体长，从肩至臀呈圆筒状

锥形的长尾巴

足部小，呈卵形，前爪有 5 趾，后爪有 4 趾

● 饲养注意事项 ●

　　暹罗猫的叫声不是特别讨喜，它们的声音不像波斯猫那样温柔甜美。主人需要对其进行有意识的训练，令其不会频繁乱叫。在喂养猫咪过程中，除了要让猫咪全面补充营养外，主人要控制好猫咪干粮和湿粮的比例，以免猫咪患上牙结石。

暹罗猫·淡紫色重点色猫

淡紫色重点色猫小名片	
原产国	泰国
别名	非纯种短毛猫
体重范围	2.5 ~ 5.5 千克
寿命	10 ~ 20 年
梳理要求	每周 1 次
毛色和花纹	淡紫色、白色
性格特点	感情丰富、活泼
遗传性疾病	溶酶体贮积症

　　淡紫色重点色猫是蓝色重点色猫的变种，最早于 1896 年出现在英国的一次猫展，但直至 1955 年才得到认可成为独立的纯种暹罗猫，是四种典型的暹罗猫之一。这个颜色的暹罗猫很受女孩子的喜爱。暹罗猫性格外向活泼，好奇心强，它们很喜欢探索，也希望主人能陪伴自己，所以它们常常自己主动找主人，而不像其他猫咪那样在一旁静静等待主人忙完。

中等大小的蓝色杏仁状眼睛

大耳朵，耳底宽阔，耳根极大，耳末端较尖

身体为白色和粉灰色，脸、耳、腿、尾为淡紫色

修长的躯干，肩部与臀部较长，呈管状

长而纤瘦的四肢

尾根狭窄，逐渐变细的锥形的长尾巴

• 饲养注意事项 •

　　当猫咪处于幼年期有猫妈妈照顾时，主人可以不用担心它们的食物及其他问题。不过一旦猫咪断奶，主人则要开始担起照顾幼猫的责任，因为幼猫胃容量较小，但它们又需要大量的营养和热量，所以少食多餐是喂食它们的标准。

暹罗猫·海豹色重点色猫

海豹色重点色猫小名片	
原产国	泰国
别名	非纯种短毛猫
体重范围	2.5 ~ 5.5 千克
寿命	10 ~ 20 年
梳理要求	每周 1 次
毛色和花纹	深褐色、白色
性格特点	感情丰富、活泼
遗传性疾病	溶酶体贮积症

海豹色重点色猫也是传统暹罗猫的一种，传统颜色中最知名的一种，被毛细短光滑，紧贴身体，比较早熟，但是要到年龄较大才能交配生育。大约于 20 世纪 30 年代引入美国，而后传遍世界各地，受到各国猫咪爱好者的喜爱。海豹色重点色猫的重点色为深褐色，腹部颜色较浅，背部和腹部颜色的深浅与年龄成正比。暹罗猫的智商很高，只要主人善于训练，它一定能学会许多技能。

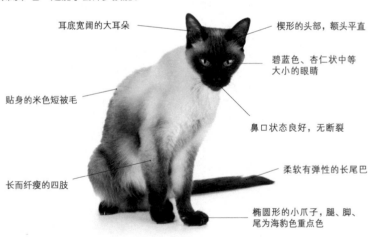

耳底宽阔的大耳朵

楔形的头部，额头平直

碧蓝色、杏仁状中等大小的眼睛

贴身的米色短被毛

鼻口状态良好，无断裂

柔软有弹性的长尾巴

长而纤瘦的四肢

椭圆形的小爪子，腿、脚、尾为海豹色重点色

• 饲养注意事项 •

老年猫咪除了要补充足够的营养外，其食物也要做出相应的改变——增加软食的比例、减少干粮的比例。此外，老年猫咪的食欲可能也会变差，主人可以定期给猫咪准备一点其他食物来刺激一下它们的食欲。

暹罗猫·海豹色重点色虎斑猫

海豹色重点色虎斑猫小名片	
原产国	泰国
别名	非纯种短毛猫
体重范围	2.5 ~ 5.5 千克
寿命	10 ~ 20 年
梳理要求	每周 1 次
毛色和花纹	海豹色、虎斑花纹
性格特点	感情丰富、活泼
遗传性疾病	溶酶体贮积症

　　海豹色重点色虎斑猫是海豹色重点色猫的变种，这个品种在北美地区被称为"山猫重点色暹罗猫"。至 1966 年被正式认证的名称为"红色重点色虎斑猫"。暹罗猫除了加拿大无毛猫之外，几乎是智商最高的猫咪，它能很快学会翻筋斗、叼回抛出的物体等。它是世界闻名的短毛猫品种，体型中等，适应能力强，尤其是当地的气候环境。它对主人忠心耿耿，如果强制分开，可能会抑郁而死。

大而尖的耳朵，与脸部呈三角形

精致的鼻口部

躯干上的海豹色重点色

锥形的长尾巴上带有虎斑环状纹

四肢上带有虎斑环状纹

椭圆形的小爪子

· 饲养注意事项 ·

　　当猫咪处于怀孕期时，主人可能要额外给猫咪补充营养元素以保证母体和胎儿的健康生长；当猫咪分娩后，主人则要帮助母猫做好照顾幼猫的工作等，比如当母猫没有奶水或奶水不够时，主人就要购买猫咪专用奶粉来给幼猫冲泡。

短毛猫

美国短毛猫·蓝色猫

蓝色猫小名片	
原产国	美国
别名	美洲短毛虎纹猫
体重范围	3.5 ~ 7 千克
寿命	15 ~ 20 年
梳理要求	每周 2 ~ 3 次
毛色和花纹	蓝色
性格特点	性格乖巧、重感情

美国短毛猫的起源有两种说法，一种说法是美国短毛猫是美洲土著猫；另一种说法是 17 世纪从欧洲随美国移民带来，它们被用来捕捉老鼠和保护船上的粮食，是美国的开国功臣之一。早期被称为短毛家猫，20 世纪更名为美国短毛猫，以区分其他的短毛猫品种。2010 年，美国短毛猫在最受欢迎的猫咪种类中排行第八。美国短毛猫骨骼粗壮，体格魁伟，性格温顺，是中大型品种。

中等长度的鼻子，从侧面看，向内弯的鼻梁从前额延伸至鼻尖

大而圆的足部，肉垫很厚

杏仁状的大眼睛

类楔形的头部，有着平缓的圆形轮廓

有弹性的双层蓝色短被毛

根部粗壮的短尾巴

骨骼结实的四肢

● 饲养注意事项 ●

美国短毛猫养成一定的习惯是非常重要的，比如在固定的时间和地点喂食。小猫咪需要多次进食，一般要喂四次左右，但它的消化能力弱，人类的食物对它来说具有危险性。成年猫咪一般早晚各喂一次就可以了。绝大部分猫懂得吃多少，以保持身体的均衡，肥胖的猫咪容易产生健康问题，除了控制猫咪的食量外，要多准备一些玩具让它玩耍和运动。

美国短毛猫·银白色标准虎斑猫

银白色标准虎斑猫小名片	
原产国	美国
别名	美洲短毛虎纹猫
体重范围	3.5 ~ 7 千克
寿命	15 ~ 20 年
梳理要求	每周 2 ~ 3 次
毛色和花纹	银白色、虎斑花纹
性格特点	性格乖巧、重感情

美国短毛猫外表美丽、身体健壮、勇敢、能吃苦、忍耐性强、性格温和、不会乱发脾气，适合有小孩子的家庭饲养。美国短毛猫非常聪明，可以回应自己的名字，也可以针对自己的玩具发明新的玩法，性格乐观，单独在家不会感到孤单寂寞。它也喜欢主人的宠爱，躺在主人腿上，享受爱抚。美国短毛猫被毛厚密，毛色有 30 多种，以银色条纹的猫最名贵。

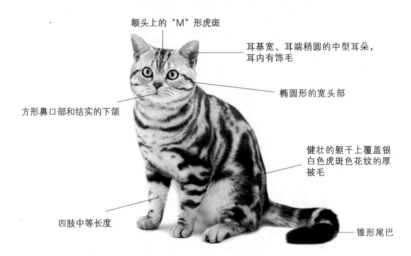

额头上的"M"形虎斑

耳基宽、耳端稍圆的中型耳朵，耳内有饰毛

椭圆形的宽头部

方形鼻口部和结实的下颌

健壮的躯干上覆盖银白色虎斑色花纹的厚被毛

四肢中等长度

锥形尾巴

● 饲养注意事项 ●

美国短毛猫有舔身上毛的习惯，由于猫的舌面粗糙，好似一把毛刷子，所以会经常用舌头舔自己，去除污垢，梳理毛发。但主人也必须经常为猫咪梳理毛发，把已脱落的毛及时清理掉，防止猫猫把毛吞食到胃里而得毛球病，造成猫咪的消化不良，影响猫的生长发育。

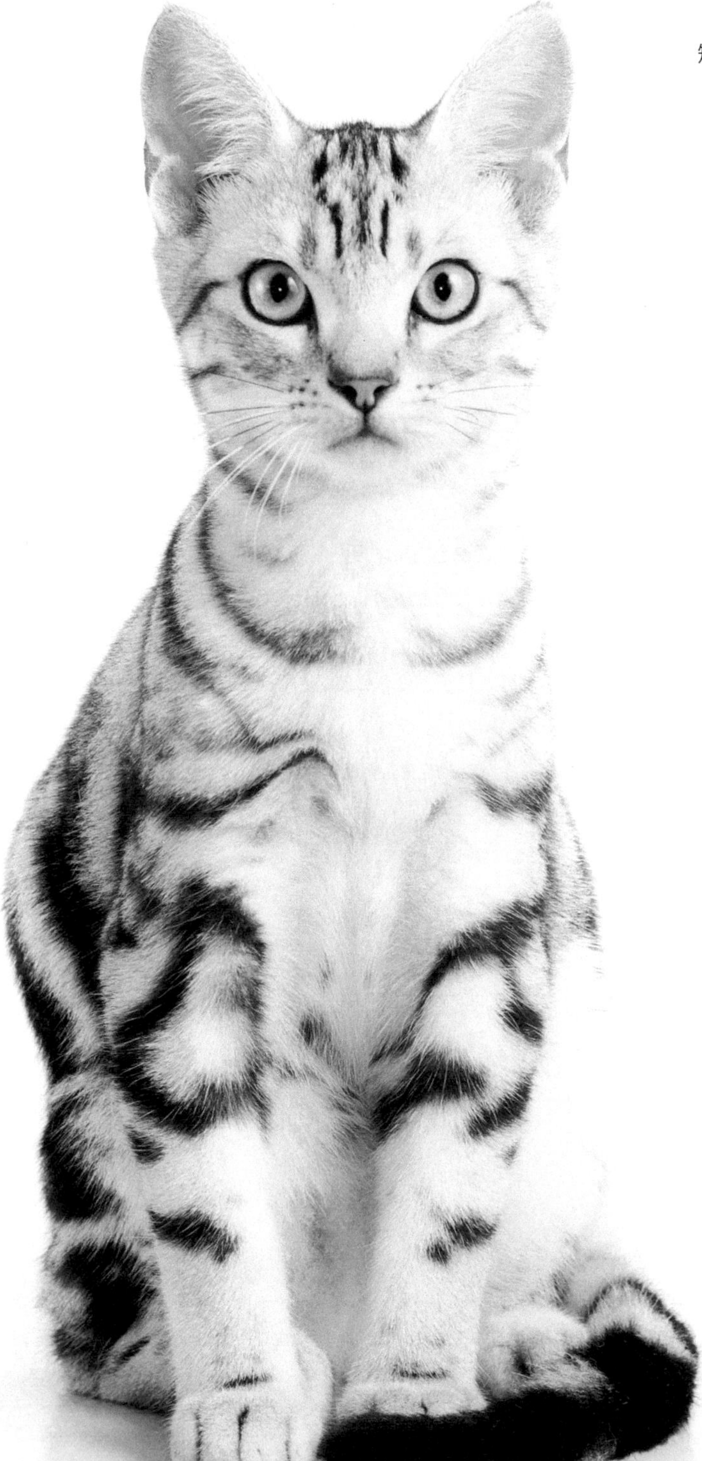

夏特尔猫

夏特尔猫小名片	
原产国	法国
别名	沙特尔蓝猫
体重范围	3.5 ~ 7 千克
寿命	10 ~ 15 年
梳理要求	每周 2 ~ 3 次
毛色和花纹	仅认可蓝灰色
性格特点	性格温顺、独立，喜欢安静地玩耍
遗传性疾病	皮肤病

夏特尔猫原产于法国，据说是由法国夏特尔派的修道院僧侣培育出来的品种。夏特尔猫的皮毛浓密丛生，非常漂亮而且具有防水性能，这种优雅美丽的猫在追求完美的爱猫者眼中，是不可多得的好伴侣。夏特尔猫身体健壮，忍耐力很强，能适应各种不同的环境。夏特尔猫的性格温顺，易于相处，独立，感情丰富，对主人衷心，生命力顽强，非常适应寒冷的室外生存环境。

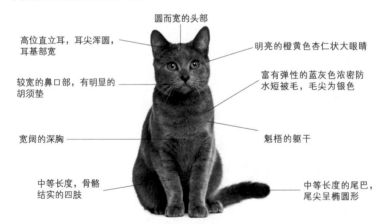

圆而宽的头部

高位直立耳，耳尖浑圆，耳基部宽

明亮的橙黄色杏仁状大眼睛

较宽的鼻口部，有明显的胡须垫

富有弹性的蓝灰色浓密防水短被毛，毛尖为银色

宽阔的深胸

魁梧的躯干

中等长度，骨骼结实的四肢

中等长度的尾巴，尾尖呈椭圆形

● 饲养注意事项 ●

夏特尔猫要注意定期驱虫，体内和体外的都要驱虫。经常用湿棉花清除过多的黏液，并清洁眼睛周围的皮肤，定期检查内耳道。此外，关节痛是高龄宠物的通病，如果它不能定期活动，可在它休息时替它轻轻按摩肌肉或活动四肢关节。还要特别注意的是，夏特尔猫比较容易患皮肤病，因此平时要做好皮肤护理，还要随时注意猫咪的皮肤状况。

俄罗斯蓝猫

俄罗斯蓝猫小名片	
原产国	俄罗斯
祖先	俄罗斯严寒带自然形成
体重范围	3 ~ 5.5 千克
寿命	10 ~ 13 年
梳理要求	每周 1 次
毛色和花纹	各种蓝色阴影色
性格特点	生机勃勃，运动型，贪玩，喜欢安静的环境
遗传性疾病	肾衰竭

祖先起源于寒冷的西伯利亚地带，很多地方称它为"冬天的精灵"。俄罗斯蓝猫体型细长，大而直立的尖耳朵，脚掌小而圆，走路像是用脚尖在走。身上披着银蓝色光泽的短被毛，配上修长苗条的体型和轻盈的步态，尽显一派猫中的贵族风度。俄罗斯蓝猫是中等深度的纯蓝色，毛密而细腻，有长绒毛感，从身体向外张开，柔软，丝质手感，双重被毛带非常厚的底层绒毛。

楔形头部

中等大小的鼻子，直鼻梁，蓝色的鼻镜

长而细致、灵活的身躯

圆形的小爪子

大而直立的尖耳朵，两耳间距宽

绿色的杏仁状眼睛

中等深度的纯蓝色细腻短被毛，散发着水貂皮一样的银灰光泽

蓝色的脚垫

● 饲养注意事项 ●

　　俄罗斯蓝猫来自西伯利亚，因此他们并不怕冷，主人不必担心他们的保暖问题。除了正常猫咪所需的吃住问题外，要注意俄罗斯蓝猫并不是很喜欢出行，它们更喜欢宅在家中。贸然带他们出去可能会让他们感觉到恐慌，一般来说俄罗斯蓝猫在家的活动即可满足它们一天的运动量。如果主人觉得猫咪的运动太少，可以陪他们做些游戏。

泰国猫

泰国猫小名片	
原产国	泰国
体重范围	2.5 ~ 5.5 千克
寿命	10 ~ 13 年
梳理要求	每周 1 次
毛色和花纹	任何斑点色，包括斑纹和玳瑁色，底色淡白
性格特点	温和、好动

　　泰国猫是泰国本土重点色猫的后代，很像暹罗猫的祖先，也像美国和欧洲的貂纹暹罗猫，泰国猫的繁育者想培育出性格温和、外观瘦长的品种，因此泰国猫的头型很特别，鼻口部为三角楔形，圆形的头部偏向后方，另外它的被毛也非常短，性格很温和，动作灵活优雅，带有多种色彩的斑点。泰国猫的外表和性格能反映泰国传统，与西方本土品种猫很不相同。

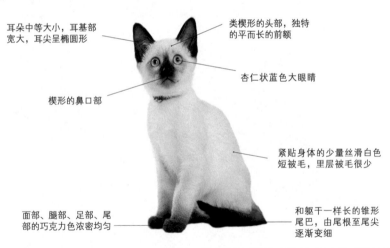

耳朵中等大小，耳基部宽大，耳尖呈椭圆形

类楔形的头部，独特的平而长的前额

杏仁状蓝色大眼睛

楔形的鼻口部

紧贴身体的少量丝滑白色短被毛，里层被毛很少

面部、腿部、足部、尾部的巧克力色浓密均匀

和躯干一样长的锥形尾巴，由尾根至尾尖逐渐变细

● 饲养注意事项 ●

　　泰国猫很擅长用声音和行动与主人交流，会很坚持，一直到主人答应为止。泰国猫很聪明，好奇心很强，爱探索一切事物，并紧紧跟随主人，很黏人。所以泰国猫不适合长期单独留置家中，应有一定的陪伴时间和游戏时间，要给予充分的关爱。泰国猫被毛短，容易打理。

英国短毛猫·淡紫色猫

淡紫色猫小名片	
原产国	英国
别名	英短、异国短尾猫
体重范围	4 ~ 8 千克
寿命	10 ~ 15 年
梳理要求	每周 1 次
毛色和花纹	淡紫色
性格特点	温柔、大胆、好奇心强
遗传性疾病	出血性疾病、多囊性肾病

英国短毛猫是一个古老的猫咪品种，它们的祖先曾是户外控制鼠患的高手。不过在很长一段时间里，它们被长毛猫尤其是波斯猫所替代，直到 20 世纪中叶以后才重新获得了人们的宠爱。它们安静而友好，体格健壮，但不喜欢运动。淡紫色英国短毛猫数量较少，目前正处于培育阶段，繁育者用英国短毛猫和淡紫色长毛猫杂交得到淡紫色英国短毛猫。

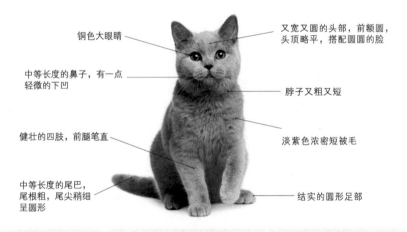

铜色大眼睛

中等长度的鼻子，有一点轻微的下凹

健壮的四肢，前腿笔直

中等长度的尾巴，尾根粗，尾尖稍细呈圆形

又宽又圆的头部，前额圆，头顶略平，搭配圆圆的脸

脖子又粗又短

淡紫色浓密短被毛

结实的圆形足部

● 饲养注意事项 ●

英国短毛猫喜欢得到主人的宠爱，很黏人，也喜欢亲近主人，趴在主人的膝盖上睡觉，如果长期不运动的话，会使原本就圆胖的身体变得更肥胖，身体也就更容易出现健康问题。所以建议饲养者每天都抽出半小时陪它游戏，每天都运动，猫咪身体才能更健康。

英国短毛猫·巧克力色猫

巧克力色猫小名片	
原产国	英国
别名	英短、异国短尾猫
体重范围	4 ~ 8 千克
寿命	10 ~ 15 年
梳理要求	每周 1 次
毛色和花纹	巧克力色
性格特点	温柔、大胆、好奇心强
遗传性疾病	出血性疾病、多囊性肾病

　　早期英国短毛猫是以捕鼠为生，现在是人们身边完美的宠物，在欧洲非常受宠爱。英国短毛猫体型匀称、身体紧凑、四肢结实、体格健壮、眼睛又大又圆、面部宽、头型圆、覆盖有短而厚的密实被毛。英国短毛猫性格安静，不喜欢运动，喜欢待在家里。它精力充沛，身体健康，很长寿，容易喂养。英国短毛猫是普通家猫中最优秀的品种，是最早的纯种猫之一。

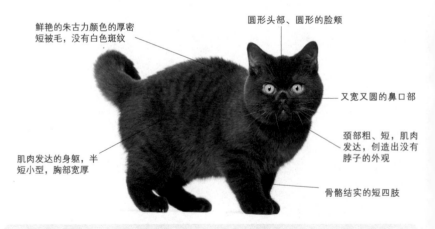

鲜艳的朱古力颜色的厚密短被毛，没有白色斑纹

圆形头部、圆形的脸颊

又宽又圆的鼻口部

颈部粗、短，肌肉发达，创造出没有脖子的外观

肌肉发达的身躯，半短小型，胸部宽厚

骨骼结实的短四肢

● 饲养注意事项 ●

　　英国短毛猫拥有厚厚的被毛，但不容易打结、缠绕，日常的梳理就能保持良好的外观。英国短毛猫会掉毛，尤其是在换季的时候，它也会在梳理的时候将毛发吞下，时间一长就容易形成毛球，所以应该在脱毛期或换毛期多梳理几次毛发。另外给它服用吐毛膏，使其将胃里的毛球及时吐出。

英国短毛猫·蓝色猫

蓝色猫小名片	
原产国	英国
别名	英短、异国短尾猫
体重范围	4 ~ 8 千克
寿命	10 ~ 15 年
梳理要求	每周 1 次
毛色和花纹	蓝色
性格特点	温柔、大胆、好奇心强
遗传性疾病	出血性疾病、多囊性肾病

英国短毛猫性格温柔平静，对人友爱，是宠物猫中的优良品种，适应环境的能力很强，不娇气，能吃苦，性格方面很大胆，好奇心很强，但不会吵闹，也不会大发脾气，是很好养的宠物。蓝色英国短毛猫被毛为由浅到中等深度的蓝色，整体颜色很均匀，没有其他颜色，是中国短毛猫中较传统的颜色品种，在单色的英国短毛猫中最受欢迎。

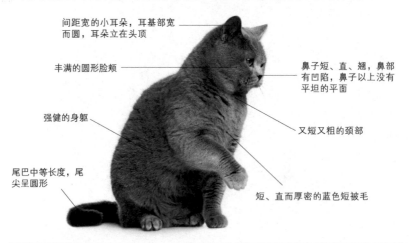

间距宽的小耳朵，耳基部宽而圆，耳朵立在头顶

丰满的圆形脸颊

强健的身躯

尾巴中等长度，尾尖呈圆形

鼻子短、直、翘，鼻部有凹陷，鼻子以上没有平坦的平面

又短又粗的颈部

短、直而厚密的蓝色短被毛

• 饲养注意事项 •

英国短毛猫的适应能力很强，不会因为环境的改变而吵闹；给猫咪的饮食应注意食物的硬度，适量补充钙、铁、维生素及其他微量元素，保证清水供给；应该定期给猫咪刷牙，以减少牙龈发炎引起的细菌侵入；经常用湿棉花清除眼睛周边过多的黏液和皮肤；定期检查内耳道，保持耳朵清洁。

英国短毛猫·银白色标准虎斑猫

银白色标准虎斑猫小名片	
原产国	英国
别名	英短、异国短尾猫
体重范围	4 ~ 8 千克
寿命	10 ~ 15 年
梳理要求	每周 1 次
毛色和花纹	银白色、深黑色斑纹、牡蛎状图案
性格特点	温柔、大胆、好奇心强
遗传性疾病	出血性疾病、多囊性肾病

银白色标准虎斑猫的底色是银白色，有深黑色的斑纹，两者形成鲜明的对比，身体两侧有牡蛎状图案。虎斑猫虽然不如单色猫受欢迎，但依然有人喜欢它圆胖的体型、胖胖的圆脸、好奇的眼神和温顺的性格。虎斑英国短毛猫让人想起它野性斑纹祖先 —— 老虎，如今广泛的配种后，英国短毛猫拥有了更健康的身体和更温驯的性格。

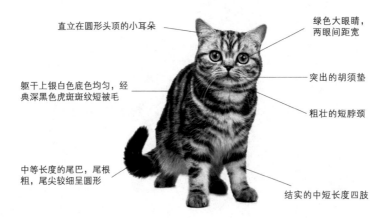

直立在圆形头顶的小耳朵

绿色大眼睛，两眼间距宽

躯干上银白色底色均匀，经典深黑色虎斑斑纹短被毛

突出的胡须垫

粗壮的短脖颈

中等长度的尾巴，尾根粗，尾尖较细呈圆形

结实的中短长度四肢

● 饲养注意事项 ●

高龄英国短毛猫可能会患关节痛，如果不能保证它定期活动，可以在它休息时帮助它按摩肌肉或活动四肢关节。主人养猫如果为了捕鼠，就保留猫爪；如果仅仅是作为宠物的话，就要定期给猫咪修剪脚爪，以避免抓伤人、抓坏衣服、家具等。修剪脚爪应从小开始，一般一个月一次。

英国短毛猫·乳黄色斑点猫

乳黄色斑点猫小名片	
原产国	英国
祖先	英国短毛猫、暹罗猫
别名	英短、异国短尾猫
体重范围	4 ~ 8 千克
寿命	10 ~ 15 年
梳理要求	每周 1 次
毛色和花纹	乳黄色
性格特点	温柔、大胆、好奇心强
遗传性疾病	出血性疾病、多囊性肾病

乳黄色英国短毛猫自 20 世纪 50 年代以来一直受人欢迎，但由于当时繁育者对颜色基因不太了解，所以培育者面临严峻的挑战。有的乳黄色短毛猫带有虎斑，或带有浅粉红色被毛。眼睛颜色从深金色到铜色变化。最早培育出来的乳黄色斑点猫，毛色较深，有的颜色接近淡黄褐色。它温柔平静，大胆而好奇，适应能力很强，对人友善，很容易饲养。

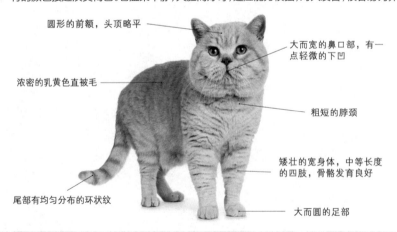

圆形的前额，头顶略平

大而宽的鼻口部，有一点轻微的下凹

浓密的乳黄色直被毛

粗短的脖颈

矮壮的宽身体，中等长度的四肢，骨骼发育良好

尾部有均匀分布的环状纹

大而圆的足部

●饲养注意事项●

给英国短毛猫洗澡不仅可以使猫更干净清洁，还可以清除寄生虫，促进血液循环，起到防病的作用。洗澡的习惯最好从小就开始培养，成年后再给猫洗澡，猫会不太情愿。洗澡前应先梳理被毛，再准备好洗澡的用具，水温以不烫手为好；洗涤剂不能选太刺激的，以免皮肤过敏；洗澡动作要快，短时间内就要洗完；洗完后立即擦干，防止感冒。

英国短毛猫·银色斑点猫

银色斑点猫小名片	
原产国	英国
别名	英短、异国短尾猫
体重范围	4～8千克
寿命	10～15年
梳理要求	每周1次
毛色和花纹	银色
性格特点	温柔、大胆、好奇心强
遗传性疾病	出血性疾病、多囊性肾病

在早期的繁育中，红色和银色斑点猫很受欢迎。银色斑点猫因在1965年的英国切尔滕纳姆展会上获得"最佳短毛猫"而出名。该猫底色为银色，斑点清晰可见，银色与斑点没有相互掺杂，对比鲜明，斑点大小不一，躯干底色均匀，颈部和尾巴上有环状纹，颧骨上有窄纹。英国短毛猫以好奇心而著称，它会仔细查看家里的每一个角落。它们性格温和而聪明，所以常被驯养拍摄电影、电视。

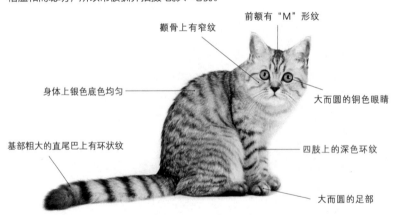

前额有"M"形纹

颧骨上有窄纹

身体上银色底色均匀

基部粗大的直尾巴上有环状纹

大而圆的铜色眼睛

四肢上的深色环纹

大而圆的足部

• 饲养注意事项 •

　　给英短剪指甲时，先将猫咪抱在怀里，左手抓住猫咪的一只脚，用拇指、食指、中指稍微挤压，脚爪即可露出，再用指甲刀将脚爪前端的透明部分小心地剪掉，再用小锉将脚爪打磨，注意不要剪得太狠，以免伤到猫咪的脚。其他的脚爪如上述方法一一剪掉、打磨。

英国短毛猫·肉桂色猫

肉桂色猫小名片	
原产国	英国
别名	英短、异国短尾猫
体重范围	4 ~ 8 千克
寿命	10 ~ 15 年
梳理要求	每周 1 次
毛色和花纹	肉桂棕色
性格特点	温柔、大胆、好奇心强
遗传性疾病	出血性疾病、多囊性肾病

　　肉桂色英国短毛猫为单一的暖色调 —— 肉桂色，没有明显的白色毛发，外形又圆又胖。吻部在大而圆的须肉外围有一条较明显的分界线，搭配小巧的嘴巴非常可爱，很受欢迎。它很大很圆的脸有种甜美的表情，颈部短，融入矮壮、结实的身体，有着浓密的肉桂色短被毛，富有弹性。英国短毛猫适应能力很强，不会乱发脾气，不会乱叫乱吵，它只会爬到高处，瞪着大眼睛看着主人。

大而圆的金色眼睛

圆头、圆脸、圆鼻口部

宽阔的深胸

厚而密的肉桂色短被毛

结实的圆形爪

中等大小的耳朵，宽耳根、圆耳尖，两耳间距较大

鼻子中等长度，较宽，有一点轻微的凹陷

中等长度的强壮四肢，肌肉结实

尾巴是身长的 2/3，基部粗，逐渐变细，尾尖呈圆形

• 饲养注意事项 •

　　英国短毛猫经常自行梳理毛发，但仍需主人定期梳理，一是可增进感情，二是帮助猫咪梳理它力不能及的地方。梳理时不仅要顺毛梳理，还要逆毛梳理，可以先用水将猫毛打湿、揉搓，使猫毛竖立，便于梳理。如果发生纠结可以用稀疏的梳子小心地梳理，如果缠结严重，可用剪刀剪除被毛，使其重新生长。

英国短毛猫·棕色标准虎斑猫

棕色标准虎斑猫小名片	
原产国	英国
别名	英短、异国短尾猫
体重范围	4 ~ 8 千克
寿命	10 ~ 15 年
梳理要求	每周 1 次
毛色和花纹	棕色、黑色
性格特点	温柔、大胆、好奇心强
遗传性疾病	出血性疾病、多囊性肾病

　　棕色标准虎斑猫被毛底色为浓艳的像红铜一样的棕色，虎斑是黑色，《爱丽丝梦游仙境》中的名叫"路易斯"的柴郡猫的生活原型最接近英国短毛猫，性格沉着、稳重，个性温驯、可爱、坚毅，拥有可爱的面部表情，只用表情就俘获了饲养者的心，咧嘴微笑、温柔、甜蜜，它会爬到比较高的地方，低头用圆圆的大眼睛俯视主人，非常讨人喜欢。

大而圆的金色眼睛，眼间距宽

砖红色的鼻尖

短而粗的颈部

水平短背部

虎斑色经典短被毛

直纹线沿脊椎而下

四肢、尾巴上有深色环状纹

● 饲养注意事项 ●

　　英国短毛猫的眼睛通常明亮而有神，当猫咪生病或身体状况不佳时，往往怕见光、流眼泪，有的猫咪鼻泪管堵塞而容易流泪，过多的流泪会使鼻侧眼角留有眼屎，可以用脱脂棉蘸取 2% 的硼酸水溶液轻轻擦拭。清除干燥的耳垢时要先用酒精消毒外耳道，再用棉棒蘸取橄榄油浸润干耳垢，待其软化后，再用镊子小心地取出，尽量不要触碰耳道的黏膜，防止感染。

英国短毛猫·黑毛尖色猫

黑毛尖色猫小名片	
原产国	英国
别名	英短、异国短尾猫
体重范围	4 ~ 8 千克
寿命	10 ~ 15 年
梳理要求	每周 1 次
毛色和花纹	黑毛尖色、白色
性格特点	温柔、大胆、好奇心强
遗传性疾病	出血性疾病、多囊性肾病

黑毛尖色短毛猫最开始被称作金吉拉短毛猫，20 世纪 20 年代以后才被命名为黑毛尖色英国短毛猫。该猫咪身体下方，从下巴到尾部为纯白色，身体上半部分的黑色毛尖色明显，并沿腹部而下，延伸至腿以及尾巴上，毛尖色分布均匀，看起来好像镀了一层浅色，主要是因为外层被毛的 1/8 毛端处着色导致的。英国短毛猫大胆好奇，性格温柔，是良好的家庭宠物。

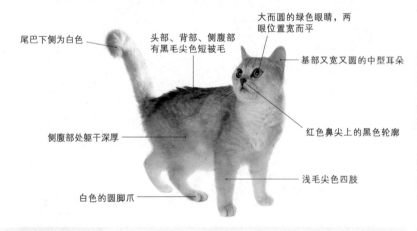

尾巴下侧为白色

头部、背部、侧腹部有黑毛尖色短被毛

大而圆的绿色眼睛，两眼位置宽而平

基部又宽又圆的中型耳朵

侧腹部处躯干深厚

红色鼻尖上的黑色轮廓

浅毛尖色四肢

白色的圆脚爪

● 饲养注意事项 ●

英国短毛猫有可能有遗传病，它们大多数在 1 ~ 3 岁时发病，最易得心肌类的病，一旦病发，可能猝死，应该引起饲养者的重视，所以在猫咪小的时候，要特别注意可能发生的意外，要进行科学的喂养，以降低意外发生的概率，延长猫咪的寿命。给猫咪准备专用的猫砂盆，猫砂的选择最好是水晶猫砂或纸质猫砂，这类的猫砂粉少，以免短鼻子的猫咪粉尘过敏。

欧洲短毛猫·白色猫

白色猫小名片	
原产国	意大利
别名	欧洲猫
祖先	非纯种短毛猫
体重范围	3.5 ~ 7 千克
寿命	15 ~ 20 年
梳理要求	每周 1 次
毛色和花纹	白色
性格特点	聪明、活跃、温柔

　　欧洲短毛猫和英国短毛猫、美国短毛猫非常相似，曾被归为英国短毛猫的品种，直到 20 世纪 80 年代才被认可为独立品种。但该品种没有得到英国爱猫管理委员会组织的承认。欧洲短毛猫和英国短毛猫体型相似，从名字上看，也很容易联想到英国短毛猫、美国短毛猫，但实际上并无英国短毛猫的血统，也没有它们出名。白色欧洲短毛猫被毛纯白色，短而密，但比英国短毛猫毛稍长，且没有杂毛。

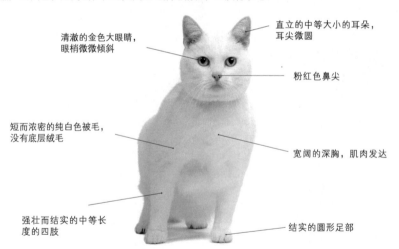

清澈的金色大眼睛，眼梢微微倾斜

直立的中等大小的耳朵，耳尖微圆

粉红色鼻尖

短而浓密的纯白色被毛，没有底层绒毛

宽阔的深胸，肌肉发达

强壮而结实的中等长度的四肢

结实的圆形足部

● 饲养注意事项 ●

　　欧洲短毛猫的饲养者应给予猫咪一定时间的陪伴，经常抱抱它，给它梳理被毛，增加彼此间的了解，增进感情。欧洲短毛猫充满活力，可以带它到户外运动，性格聪明，又有点狡猾，对人很亲切，是非常好的伴侣。

短毛猫

欧洲短毛猫·玳瑁色白色猫

玳瑁色白色猫小名片	
原产国	意大利
别名	欧洲猫
祖先	非纯种短毛猫
体重范围	3.5 ~ 7 千克
寿命	15 ~ 20 年
梳理要求	每周 1 次
毛色和花纹	玳瑁色、白色
性格特点	聪明、活跃、温柔

　　欧洲短毛猫很强壮耐劳，生命力顽强，适应能力强，活跃，很贪玩，精力充沛，比混血猫咪更易于相处，而且更安静，更温柔，也很敏感。它拥有丰富的感情，是令人快乐的伴侣，也是优秀的猎手，非常喜欢户外运动，在室内也会健康成长。欧洲短毛猫爱好交际，对主人很信赖，对陌生人则比较冷淡。玳瑁色欧洲短毛猫由黄色、暗褐色、白色三种颜色组成，三种颜色分布在身体各处。

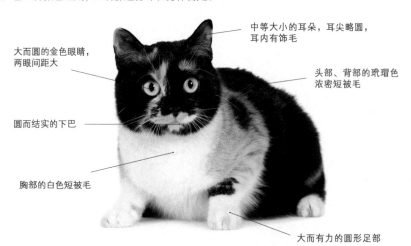

中等大小的耳朵，耳尖略圆，耳内有饰毛

头部、背部的玳瑁色浓密短被毛

大而圆的金色眼睛，两眼间距大

圆而结实的下巴

胸部的白色短被毛

大而有力的圆形足部

• 饲养注意事项 •

　　运动量增加后的欧洲短毛猫对食物的消化吸收能力都会增强，肝、肾过滤解毒的功能也会发生变化，应该注意调整猫咪食物的硬度，补充钙、铁、维生素及其他微量元素，更换不同口味的食物，并保证清水的供给。

欧洲短毛猫·银黑色虎斑猫

银黑色虎斑猫小名片	
原产国	意大利
别名	欧洲猫
祖先	非纯种短毛猫
体重范围	3.5 ~ 7 千克
寿命	15 ~ 20 年
梳理要求	每周 1 次
毛色和花纹	银色、黑色
性格特点	聪明、活跃、温柔

欧洲短毛猫虽然类似于英国短毛猫，但不如后者结实，身体和四肢长而纤细，脸部较圆，鼻子较短，小耳朵的末端又圆又细，整体看起来很轻快。其被毛短而浓密，质地脆，易折断。银黑色虎斑短毛猫身上的黑色斑纹与银色底色对比明显，沿脊椎向下延伸一条细黑线纹，颈部、腿部、尾部有环状纹。欧洲短毛猫性格外向，爱好交际，对主人忠心，但对陌生人有些冷淡。

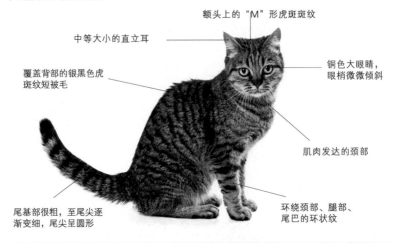

额头上的"M"形虎斑斑纹

中等大小的直立耳

覆盖背部的银黑色虎斑纹短被毛

铜色大眼睛，眼梢微微倾斜

肌肉发达的颈部

尾基部很粗，至尾尖逐渐变细，尾尖呈圆形

环绕颈部、腿部、尾巴的环状纹

- 饲养注意事项 •

　　欧洲短毛猫应定期刷牙，以减少牙龈发炎引起的细菌侵入。用湿棉花清除过多的黏液，并清理眼睛周边的皮肤。关节痛是高龄宠物的通病，如果它不能定期活动，可替它轻轻按摩肌肉或活动四肢关节。定期帮助猫咪检查内耳道，清洁外耳道。

短毛猫

欧洲短毛猫·棕色虎斑猫

棕色虎斑猫小名片	
原产国	意大利
别名	欧洲猫
祖先	非纯种短毛猫
体重范围	3.5 ~ 7 千克
寿命	15 ~ 20 年
梳理要求	每周 1 次
毛色和花纹	浅棕色、虎斑花纹
性格特点	聪明、活跃、温柔

欧洲短毛猫起源于欧洲大陆，有动物学家指出，这种猫是两千多年前古罗马人将埃及猫带到欧洲后繁殖起来的，因此埃及猫是欧洲短毛猫的祖先。其体型半短身型，毛色繁多，被毛短而浓密，目色因体毛而有不同的颜色。棕色虎斑猫具有古典虎斑条纹，花纹明显而漂亮，基色为浅棕色，深受人们的喜爱。它性格警惕敏感，捕猎本领强，是捕猎能手。

脸颊上有窄纹

直立的耳朵，耳内有饰毛

浅棕色的底色上，分布着虎斑斑纹

肌肉发达的长颈部

圆形尾尖，尾部的棕色虎斑色最深

• 饲养注意事项 •

　　欧洲短毛猫舌面粗糙，有特殊的带倒刺的舌乳头，像一把梳子。它们非常爱干净，常常用舌头梳理清洁自己的毛发，也因此会吃进胃里很多被毛，所以饲养者要定期喂其吐毛膏，以免影响猫咪健康。

欧洲短毛猫·金色虎斑猫

金色虎斑猫小名片	
原产国	意大利
别名	欧洲猫
祖先	非纯种短毛猫
体重范围	3.5 ~ 7 千克
寿命	15 ~ 20 年
梳理要求	每周 1 次
毛色和花纹	金色、虎斑花纹
性格特点	聪明、活跃、温柔

　　欧洲大陆上养猫已有一千多年的历史，出现了许多非选择性的颜色品种，培育者想把欧洲短毛猫培育成被毛图案轮廓清晰的品种，它处于不断改良中。虽然与英国短毛猫外形相近，但它没有进行过与其他猫种之间的杂交，所以相对而言，欧洲短毛猫的繁育只利用最好的种群和优良的身体形态。金色虎斑短毛猫前额拥有明显的"M"形虎斑。

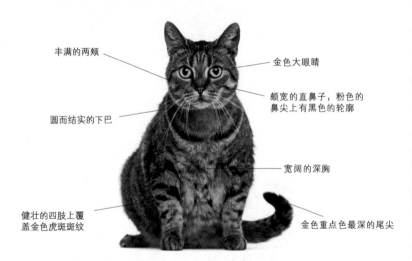

丰满的两颊

金色大眼睛

颊宽的直鼻子，粉色的鼻尖上有黑色的轮廓

圆而结实的下巴

宽阔的深胸

健壮的四肢上覆盖金色虎斑斑纹

金色重点色最深的尾尖

●饲养注意事项●

　　幼猫需要大量的营养和热量，所以主人应当给予经过特殊配方的优质猫粮。优质猫粮以肉类为主要原料，含有大量猫咪需要的营养素，且容易消化。不要喂食狗粮或人类的食物，以免对猫咪健康造成威胁。

短毛猫

欧洲短毛猫·棕色标准虎斑猫

棕色标准虎斑猫小名片	
原产国	意大利
别名	欧洲猫
祖先	非纯种短毛猫
体重范围	3.5 ~ 7 千克
寿命	15 ~ 20 年
梳理要求	每周 1 次
毛色和花纹	铜棕色、虎斑花纹
性格特点	聪明、活跃、温柔

　　和棕色标准虎斑英国短毛猫一样，欧洲短毛猫也有此颜色品种，两者的区别是欧洲短毛猫的头略长，整体看起来更轻快。棕色标准虎斑欧洲短毛猫的身体基色为铜棕色，分布有黑色虎斑，颈部有一定长度，肌肉发达，拥有短而浓密的被毛，没有底层绒毛，身体很长，不短粗，尾巴基部很粗，向尖部逐渐变细，尾尖呈圆形。

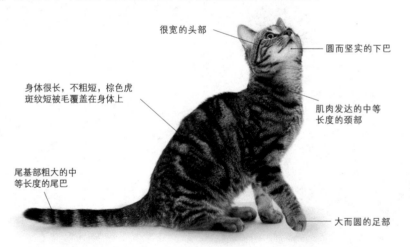

很宽的头部

圆而坚实的下巴

身体很长，不粗短，棕色虎斑纹短被毛覆盖在身体上

肌肉发达的中等长度的颈部

尾基部粗大的中等长度的尾巴

大而圆的足部

● 饲养注意事项 ●

　　给猫咪洗澡应该选择比较温暖的地方，或者选择一天中最温暖的时候，避免猫咪着凉感冒。洗澡速度要快，尽可能短时间内洗完，以免猫咪时间长了生厌。猫咪生病后，会有不同程度的厌食或拒食现象，要留意猫咪的饮水量，发热或腹泻脱水时饮水量会增加，但病重或严重衰弱时饮水量会减少。

短毛猫

奥西猫·银白色猫

银白色猫小名片	
原产国	美国
祖先	暹罗猫 / 阿比西尼亚猫 / 美国短毛猫
体重范围	5 ~ 7 千克
寿命	12 ~ 17 年
梳理要求	每周 1 次
毛色和花纹	银白色，毛质细而有光泽，微贴身体
性格特点	友善而机警

　　奥西猫兼具野生猫的精悍以及饲养猫的沉稳气质，由美国的饲养家们以阿比西尼亚猫为基础，和暹罗猫美国短毛猫交配作出的成果，是比较新的品种。奥西猫精力充沛，热衷游戏和攀爬高处，性格外向活泼，喜爱交际。它并不喜欢长时间独处，适合人多热闹或已经有猫狗饲养的家庭。它中等体型，且与阿比西尼亚猫神似，胸部较深，有坚硬的骨骼及强韧的筋肉，其充满野性的斑纹是很明显的特征。

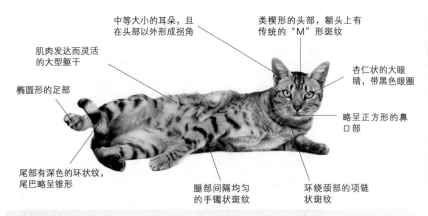

中等大小的耳朵，且在头部以外形成拐角

类楔形的头部，额头上有传统的"M"形斑纹

肌肉发达而灵活的大型躯干

杏仁状的大眼睛，带黑色眼圈

椭圆形的足部

略呈正方形的鼻口部

尾部有深色的环状纹，尾巴略呈锥形

腿部间隔均匀的手镯状斑纹

环绕颈部的项链状斑纹

●饲养注意事项●

　　虽然大多数的奥西猫不喜欢被梳理，但长毛的品种如果没有每天梳理的话，毛就会绕到一起，破坏毛样。所以在奥西猫出生后两个月左右就要开始对其进行梳理，让奥西猫逐渐适应。刷毛可以防止脱毛，刺激皮肤，促进血液循环，使毛更亮泽。短毛的品种在污垢很明显的时候进行刷洗即可，平时只需用湿手轻轻抚摸即可起到防止脱毛和去污垢的作用。

短毛猫

苏格兰折耳猫·巧克力色猫

巧克力色猫小名片	
原产国	英国
祖先	非纯种短毛猫
别名	折耳猫
体重范围	2.5 ~ 6 千克
寿命	13 ~ 15 岁
梳理要求	每周 1 次
毛色和花纹	巧克力色
性格特点	活泼、聪明、喜欢与人亲近
遗传性疾病	软骨骨质化发育异常

　　苏格兰折耳猫据说是 1961 年苏格兰一户牧羊人家里的猫产下了一窝小猫，其中一只小猫的耳朵向前折起，因此便根据出生地和耳朵下折的现象，命名为"苏格兰折耳猫"，它是自然基因突变的结果。折耳猫存在着先天遗传性骨骼疾病，即软骨骨质化发育异常，是显性基因遗传，它们常常用坐立的姿势来缓解痛苦。巧克力色折耳猫全身颜色为深巧克力色，身上没有斑纹。

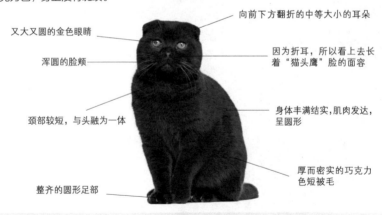

又大又圆的金色眼睛

浑圆的脸颊

颈部较短，与头融为一体

整齐的圆形足部

向前下方翻折的中等大小的耳朵

因为折耳，所以看上去长着"猫头鹰"脸的面容

身体丰满结实，肌肉发达，呈圆形

厚而密实的巧克力色短被毛

● 饲养注意事项 ●

　　拥有折耳基因的折耳猫可能会出现不同程度的骨骼和关节病变，即使折耳猫和立耳猫交配也可能获得这种遗传病。除了可能的遗传性骨骼病外，还可能有呼吸系统疾病和喷鼻血的问题。还会患皮肤病、过敏、心脏病等。心肌肥大症也常常见于折耳猫身上，因此折耳猫需要控制饮食和终生服药。

苏格兰折耳猫·蓝色猫

蓝色猫小名片	
原产国	英国
祖先	非纯种短毛猫
别名	折耳猫
体重范围	2.5 ~ 6 千克
寿命	13 ~ 15 岁
梳理要求	每周 1 次
毛色和花纹	蓝色
性格特点	活泼、聪明、喜欢与人亲近
遗传性疾病	软骨骨质化发育异常

苏格兰折耳猫具有各种意义上的"圆"，圆形的头部、身体、眼睛和足部。它也因为拥有特别的耳朵、甜美的表情、大而圆的眼睛而出名。即使年老后，也依然保持着甜美开阔的表情。苏格兰折耳猫拥有使人舒服的、浓密的被毛。苏格兰折耳猫刚出生的时候耳朵并不是折着的，到三、四周大的时候，耳朵才开始有变化，下折或干脆不下折。蓝色苏格兰折耳猫全身被毛呈蓝色，毛色均匀，被毛富有弹性。

逐渐变细的长尾巴，尾尖呈圆形

又短又宽的鼻子

短而浓密的蓝色被毛，并不紧贴身体

结实粗壮的四肢

像棒球帽一样向前向下折叠的小耳朵

大而圆的金色眼睛

突出的圆形胡须垫

短脖颈

● 饲养注意事项 ●

苏格兰折耳猫的被毛非常厚，最好每天替它们梳理，以去除死毛保持被毛亮丽。应定期喂食吐毛膏，帮助它清理肠胃中不能消化的毛球，减少肠胃不适。下折的耳朵是护理的重点，耳朵分泌物较其他猫咪更多，所以每周两次用滴耳油清洁，保持耳道内干爽，避免滋生细菌和寄生虫，使得猫咪更健康。

苏格兰折耳猫·淡紫色猫

淡紫色猫小名片	
原产国	英国
祖先	非纯种短毛猫
别名	折耳猫
体重范围	2.5 ~ 6 千克
寿命	13 ~ 15 岁
梳理要求	每周 1 次
毛色和花纹	带粉色的紫灰色
性格特点	活泼、聪明、喜欢与人亲近
遗传性疾病	软骨骨质化发育异常

苏格兰折耳猫是猫猫中的"和平大使"，因为成年苏格兰折耳猫拥有与世无争的平和性格，与其他猫、狗相处融洽，非常友好，它们是活泼、贪玩、有爱心的，非常珍惜家庭生活，适应能力很强，无论是吵闹的有孩子的家庭，还是宁静的单身家庭，都会很快融入环境，不会感到不安。它声音柔和，很少大声叫，生命力很顽强，也是优秀的猎手，同时因为祖先看守仓库的原因，所以具有吃苦耐劳的性格。

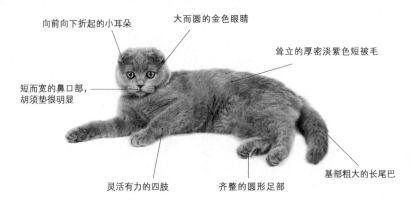

向前向下折起的小耳朵

大而圆的金色眼睛

耸立的厚密淡紫色短被毛

短而宽的鼻口部，胡须垫很明显

灵活有力的四肢

齐整的圆形足部

基部粗大的长尾巴

• 饲养注意事项 •

苏格兰折耳猫预防疾病的发生要注意这几个方面，一是多雨季节来之前，要给猫咪洗个澡，用吹风机吹干；苏格兰折耳猫是一种不太喜欢阳光的猫，不要总让它晒太阳；猫窝和猫砂盆定期放阳光下晒晒；喂食营养膏，以增加体内的维生素，提高机体免疫力。如果患皮肤病，建议去兽医处诊治，区分真菌种类，对症下药。

苏格兰折耳猫·黑色猫

黑色猫小名片	
原产国	英国
祖先	非纯种短毛猫
别名	折耳猫
体重范围	2.5 ~ 6 千克
寿命	13 ~ 15 岁
梳理要求	每周 1 次
毛色和花纹	黑色
性格特点	活泼、聪明、喜欢与人亲近
遗传性疾病	软骨骨质化发育异常

　　苏格兰折耳猫拥有可爱迷人的外形，吸引了很多人的目光。但因为有生出畸形猫的事例，所以有一段时间英国禁止繁殖。1973 年，该品种在美国被接纳注册，1978 年，荣获美国爱猫者协会冠军，1984 年才被不列颠猫协会承认，比美国晚了 11 年。因为折耳来自于残疾基因，两只折耳猫交配会增大残疾概率而造成尾部或肢体的残疾，所以禁止折耳配折耳，为了猫咪健康，一般采用折耳猫和立耳猫交配。

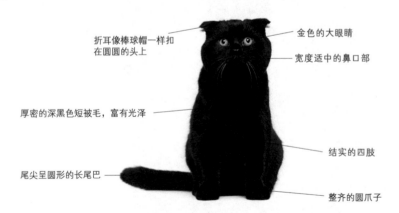

折耳像棒球帽一样扣在圆圆的头上

金色的大眼睛

宽度适中的鼻口部

厚密的深黑色短被毛，富有光泽

结实的四肢

尾尖呈圆形的长尾巴

整齐的圆爪子

- **饲养注意事项** -

　　饲养折耳猫请留意天气，湿度维持在 50% ~ 60% 之间，否则容易患皮肤病。喂食猫粮最好固定品牌。不要长时间单独留置家中，多抽时间陪它玩耍，它喜欢主人的陪伴，喜欢参与主人的任何事情，通常都是静静陪伴，不会发出声音吵闹，天生拥有甜美的性格。

湄公短尾猫

湄公短尾猫小名片	
原产国	东南亚
体重范围	3.5 ~ 6 千克
寿命	13 ~ 15 岁
梳理要求	每周 1 次
毛色和花纹	暹罗猫的重点色
性格特点	安静、友好

　　湄公短尾猫的祖先是在 1884 年从暹罗（今天的泰国）的首都进口到欧洲的，之前一直生存在东南亚的广阔地带，以流经中国在内的六个国家——东南亚最长河流湄公河命名，首个湄公短尾猫的品种标准是俄罗斯人提出的，也是在俄罗斯作为实验性品种而繁育，1994 年才被猫科动物专家采纳，2004 年被权威机构认可，但在世界上并不出名。

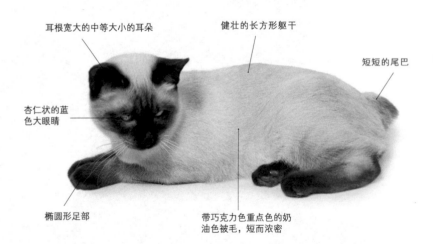

耳根宽大的中等大小的耳朵

健壮的长方形躯干

短短的尾巴

杏仁状的蓝色大眼睛

椭圆形足部

带巧克力色重点色的奶油色被毛，短而浓密

● 饲养注意事项 ●

　　湄公短尾猫性格友好、安静，易于相处，但仍需要主人的陪伴。体格健壮，喜欢玩耍，也擅长跳跃和攀爬，活跃而敏捷，可以辅助游戏来训练它。它的被毛短而浓密，里层被毛少，易于梳理，一周一次即可。

塞尔凯克卷毛猫·玳瑁色白色猫

玳瑁色白色猫小名片	
原产国	美国
原产地	美国怀俄明州
体重范围	3 ~ 5 千克
寿命	13 ~ 18 岁
梳理要求	每周 2 ~ 3 次
毛色和花纹	玳瑁色、白色
性格特点	活泼、友好

　　赛尔凯克卷毛猫被称为"披着羊皮的猫"，全身的毛发像被烫卷了一样，卷毛基因来自于家猫的基因突变。第一只卷毛猫是怀俄明州一家动物救助中心的一只花斑猫所产，这只卷毛猫称为赛尔凯克卷毛猫的雌性奠基种猫，人们将其与纯种猫交配繁育出短毛赛尔凯克卷毛猫和长毛赛尔凯克卷毛猫。赛尔凯克卷毛猫的卷曲被毛要经历两年才能完全发育好。

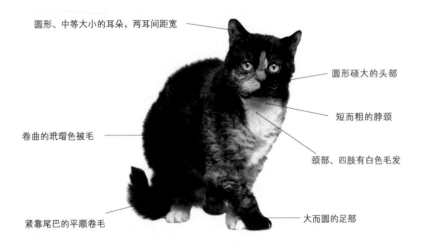

圆形、中等大小的耳朵，两耳间距宽

圆形硕大的头部

短而粗的脖颈

卷曲的玳瑁色被毛

颈部、四肢有白色毛发

紧靠尾巴的平顺卷毛

大而圆的足部

　● 饲养注意事项 ●

　　赛尔凯克卷毛猫在幼猫时期卷毛会很明显，但数月后会变得平整，八个月后恢复卷曲，两年后达到完美的卷曲度。该品种猫咪个子大，被毛层次多，毛量很大，每天要细心打理，可以用手指轻轻将顺被毛、去除死毛，并给予轻柔的按摩，让卷毛更柔顺自然。

塞尔凯克卷毛猫·蓝白色猫

蓝白色猫小名片	
原产国	美国
原产地	美国怀俄明州
体重范围	3 ~ 5 千克
寿命	13 ~ 18 岁
梳理要求	每周 2 ~ 3 次
毛色和花纹	蓝色、白色
性格特点	活泼、友好

塞尔凯克卷毛猫的名字来自于一个人的名字，是繁育者让最早出现的卷毛猫和自己已经获奖的一只波斯猫交配，把后来的猫种称为"赛尔凯克"以纪念她的继父，这是唯一一个以人名命名的猫种。赛尔凯克卷毛猫性格活泼、爱玩，喜欢亲近人，总是跟在主人的身后，喜欢黏着主人。蓝白色卷毛猫的蓝色毛区和白色毛区界限分明，轮廓清晰。

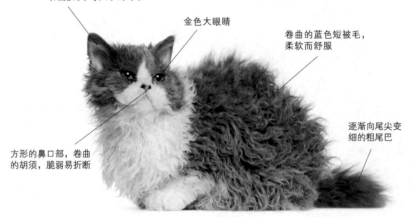

耳距宽的中等大小的耳朵

金色大眼睛

卷曲的蓝色短被毛，柔软而舒服

方形的鼻口部，卷曲的胡须，脆弱易折断

逐渐向尾尖变细的粗尾巴

• 饲养注意事项 •

　　塞尔凯克卷毛猫的基因中带有许多英国短毛猫的血统，所以毛量非常大，它们经常掉毛。所以梳理很重要。猫咪的卷毛基因是不完全显性基因，所以有时会有塞尔凯克直毛猫。这个卷毛基因在20世纪90年代被国际猫协会认可，2000年得到爱猫者协会的认可。

塞尔凯克卷毛猫·白色猫

白色猫小名片	
原产国	美国
原产地	美国怀俄明州
体重范围	3 ~ 5 千克
寿命	13 ~ 18 岁
梳理要求	每周 2 ~ 3 次
毛色和花纹	白色
性格特点	活泼、友好

　　塞尔凯克卷毛猫是由家猫自然基因突变而来，是最新的自然品种之一，没有遗传疾病，是非常健康的猫咪。该品种可以与波斯猫、外来种短毛猫、英国短毛猫、美国短毛猫配种，但不能与柯尼斯卷毛猫、德文卷毛猫交配。塞尔凯克卷毛猫声音柔和，性格友好，对主人忠心，对陌生人冷淡，是理想的宠物。它浓密卷曲的被毛常常呈现散乱的波纹状，梳理时动作要轻柔，以免把卷毛拉平。

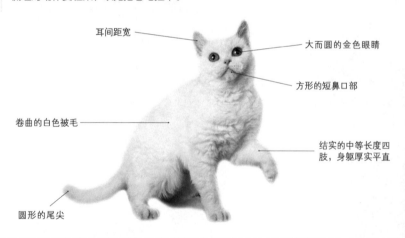

耳间距宽

大而圆的金色眼睛

方形的短鼻口部

卷曲的白色被毛

结实的中等长度四肢，身躯厚实平直

圆形的尾尖

● 饲养注意事项 ●

　　塞尔凯克卷毛猫不能吃太咸或太油腻的食物，最好吃猫粮、蒸鸡胸肉、小鱼，不可以喝牛奶，但可以喝一些羊奶，如果想要毛发美观，可以使用美毛粉或喂三文鱼、海藻。喂养过程中一定要控制蛋白质含量，不能太高或太低，还要注意适当补充维生素和矿物质，不能喂辣的食品。采购猫咪食品和用品请到大型、正规的宠物店购买。

塞尔凯克卷毛猫·蓝灰色猫

蓝灰色猫小名片	
原产国	美国
原产地	美国怀俄明州
体重范围	3 ~ 5 千克
寿命	13 ~ 18 岁
梳理要求	每周 2 ~ 3 次
毛色和花纹	蓝灰色、白色
性格特点	活泼、友好

　　塞尔凯克卷毛猫有着很强的学习和记忆能力，善解人意，非常聪明，能自己打开水龙头喝水，还可以关上水龙头。它的预测能力也很强，能预知主人什么时候喂食，还可能感知主人将要度假。如果饲养者能进行合理的训练，它能用后肢站立，叼回扔出的物品等。塞尔凯克卷毛猫非常淘气，总是喜欢游戏。

卷曲的蓝灰色短被毛，背部被毛较平直

金色大眼睛，两眼间距宽

笔直的鼻梁

卷曲的胡须

明显的下颌垂肉

尾巴上的卷毛较为平顺

● 饲养注意事项 ●

　　猫咪常常自己清理毛发，但塞尔凯克的被毛很厚密，而且卷曲，所以需要主人定期为它梳理毛发，一般一周梳理 2 ~ 3 次即可，以免被毛缠结，使猫咪疼痛。但不可过度梳理，以免毛发变直。在梳理前，可检查猫咪的口、眼、耳、爪，看看有无疾病。

短毛猫

塞尔凯克卷毛猫·淡紫色猫

淡紫色猫小名片	
原产国	美国
原产地	美国怀俄明州
体重范围	3 ~ 5 千克
寿命	13 ~ 18 岁
梳理要求	每周 2 ~ 3 次
毛色和花纹	淡紫色
性格特点	活泼、友好

塞尔凯克卷毛猫的显著特点是全身都是卷毛，尤其是颈部和尾巴，胡须也是卷曲的，毛发有多种，颜色不受限制，重要的是被毛品质和颜色的清晰度。德文卷毛猫和柯尼斯卷毛猫都是因为缺少了一层被毛而产生卷毛效果，塞尔凯克卷毛猫的被毛是三层，不缺少任何一层被毛，只是变成了卷曲的，因此也被称为"小绵羊""卷毛狗"。

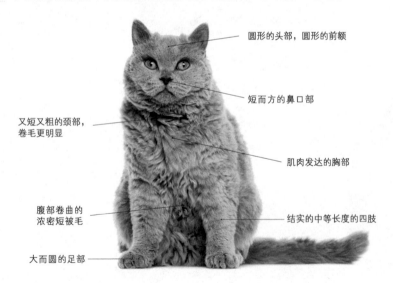

圆形的头部，圆形的前额

短而方的鼻口部

又短又粗的颈部，卷毛更明显

肌肉发达的胸部

腹部卷曲的浓密短被毛

结实的中等长度的四肢

大而圆的足部

• 饲养注意事项 •

塞尔凯克卷毛猫的泪腺和肾脏容易出问题，要予以关注。大多数的该品种猫都是油性皮肤，需要经常洗澡。洗澡时一定要将猫咪身上冲洗干净，不要让洗液残留在猫咪皮肤上，以免引起皮肤过敏。

柯尼斯卷毛猫·白色猫

白色猫小名片	
原产国	英国
祖先	非纯种卷毛猫
别称	康沃尔帝王猫
体重范围	2.5 ~ 4 千克
寿命	10 ~ 15 年
梳理要求	每周 1 次
毛色和花纹	白色
性格特点	聪慧，安详温柔，顽皮好奇

　　柯尼斯卷毛猫，起源于英国的柯尼斯。卷毛猫的智商较高，能适应乘车旅行，或居住在汽车房子或单元房间里。无论对老年人还是孩子来说，都不失为理想的宠物。卷毛猫的皮毛近似贵宾犬，既便于梳理又不易因掉毛而引发主人的过敏反应。它的耳朵特别大，头顶是平的，非常可爱。颈部细长体型高挑，看起来很是机灵，肌肉发达而不瘦弱。

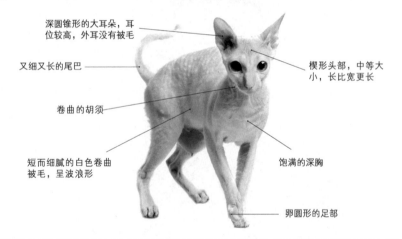

深圆锥形的大耳朵，耳位较高，外耳没有被毛

又细又长的尾巴

卷曲的胡须

短而细腻的白色卷曲被毛，呈波浪形

楔形头部，中等大小，长比宽更长

饱满的深胸

卵圆形的足部

●饲养注意事项●

　　柯尼斯卷毛猫喜欢亲近人类，性格非常外向，胆大的卷毛猫愿意与人类作伴。卷毛猫喜欢任何猫食并且食欲旺盛，因此对它们的饮食要细心控制，否则各种疾病和骨骼问题也会找上门来。柯尼斯卷毛猫很有可能因为被毛油脂分泌过旺，患脂溢性公猫尾的毛病，这点需要在平常护理时多加注意。

柯尼斯卷毛猫·黑色猫

黑色猫小名片	
原产国	英国
祖先	非纯种卷毛猫
别称	康沃尔帝王猫
体重范围	2.5 ~ 4 千克
寿命	10 ~ 15 年
梳理要求	每周 1 次
毛色和花纹	黑色
性格特点	聪慧，安详温柔，顽皮好奇

柯尼斯卷毛猫始于 1950 年的英格兰康瓦尔郡，一只红白花农场猫生出一只红色虎斑公猫，和英国其他猫咪沉重、健壮的身躯不同，这只猫咪拥有狭长的头部、宽大的耳朵、细长的身材、柔软的尾巴，它的紧身卷毛像丝绸般光滑，像搓衣板般卷曲，如波浪般覆盖住整个身体。人们使其后代与暹罗猫、俄罗斯蓝猫等其他品种杂交，从而优化和稳定了这个品类。

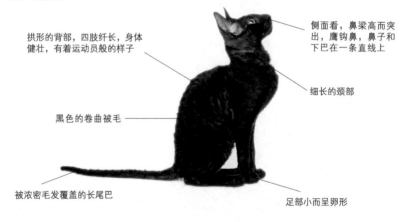

拱形的背部，四肢纤长，身体健壮，有着运动员般的样子

侧面看，鼻梁高而突出，鹰钩鼻，鼻子和下巴在一条直线上

细长的颈部

黑色的卷曲被毛

被浓密毛发覆盖的长尾巴

足部小而呈卵形

● 饲养注意事项 ●

　　柯尼斯卷毛猫的被毛少了一层护毛，而且较短，所以耐寒性较差。在寒冷的冬天、潮湿的户外，主人要多注意为它们保暖、除湿。冬天最好给它铺上厚厚的窝垫，如果家有暖气的话，它会坐在暖气上度过冬天。柯尼斯卷毛猫喜欢热，总是靠近热源，即使在夏天炎热的日子里，它也喜欢晒太阳。

柯尼斯卷毛猫·淡蓝色白色猫

淡蓝色白色猫小名片	
原产国	英国
祖先	非纯种卷毛猫
别称	康沃尔帝王猫
体重范围	2.5 ~ 4 千克
寿命	10 ~ 15 年
梳理要求	每周 1 次
毛色和花纹	淡蓝色、白色
性格特点	聪慧，安详温柔，顽皮好奇

柯尼斯卷毛猫性格外冷内热，活泼贪玩，精力充沛，好奇心强，喜欢接近人类，当其他猫咪被噪声或人群所惊吓时，柯尼斯卷毛猫却兴奋地观察着。这个小动物就像个孩子一样，需要主人的疼爱、照顾、陪伴，它具有包容性，就像我们对孩子做错事，孩子会包容我们一样，是易于相处的生活伴侣。它非常喜欢人类，也喜欢参加社会活动。

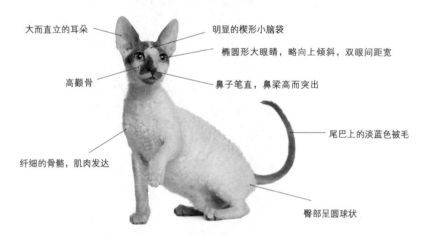

大而直立的耳朵

明显的楔形小脑袋

椭圆形大眼睛，略向上倾斜，双眼间距宽

高颧骨

鼻子笔直，鼻梁高而突出

尾巴上的淡蓝色被毛

纤细的骨骼，肌肉发达

臀部呈圆球状

●饲养注意事项●

　　柯尼斯卷毛猫是公认的卧室猫之一，符合亲人、不严重掉毛的条件。它总是自己梳理被毛，在没有主人的帮助下也能保持干净而有波纹，如果需要参加展出，最好准备一块羚羊皮，用羚羊皮摩擦会使被毛更富有光泽。最好每天用手梳理它的被毛，主人的轻柔抚摸会为被毛带来波纹并传递被毛所需的油脂。

柯尼斯卷毛猫·淡紫色白色猫

淡紫色白色猫小名片	
原产国	英国
祖先	非纯种卷毛猫
别称	康沃尔帝王猫
体重范围	2.5 ~ 4 千克
寿命	10 ~ 15 年
梳理要求	每周 1 次
毛色和花纹	淡紫色、白色
性格特点	聪慧，安详温柔，顽皮好奇

　　柯尼斯卷毛猫外表优雅，看上去纤细，但实际上很结实，不需要额外操心照顾。该品种猫咪喜欢运动，和其他品种的猫咪成年后不喜欢像幼猫一样玩耍不同，柯尼斯卷毛猫从不会丧失对游戏的兴趣，即使成年了也会像幼猫一样嬉戏。它喜欢参与家里所有的事情，可以在家里自由活动，到处乱跑是卷毛猫追求的生活方式。

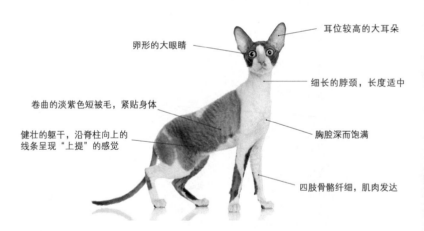

卵形的大眼睛

耳位较高的大耳朵

卷曲的淡紫色短被毛，紧贴身体

细长的脖颈，长度适中

健壮的躯干，沿脊柱向上的线条呈现"上提"的感觉

胸腔深而饱满

四肢骨骼纤细，肌肉发达

●饲养注意事项●

　　柯尼斯卷毛猫拥有超短的卷曲被毛，紧贴身体，摸上去感觉柔软，像天鹅绒、丝绸、貂皮，一点都不粗糙。除了柔软的毛发就是它外向、活泼的性格最为出名，它们生性聪明，体形富异国风情或东方格调，是深受人们喜爱的宠物。但不可因为宠爱而喂食太多，它不挑食的生活习性可能会导致吃得太多而过胖，除了不美观之外，更容易使健康受损。

德文卷毛猫·白色猫

白色猫小名片	
原产国	英国
祖先	**流浪玳瑁猫 / 卷毛野生雄猫**
体重范围	2.5 ~ 4 千克
寿命	13 ~ 18 年
梳理要求	每周 1 次
毛色和花纹	白色，被毛弯曲
性格特点	顽皮、淘气、喜欢亲近人类、机灵且活泼、充满好奇心
遗传性疾病	缅甸猫低钾血症、出血性疾病、德文卷毛猫肌病变

德文卷毛猫的诞生来自一个独一无二的基因突变，它是继 1950 年在英国柯尼斯郡发现的柯尼斯猫后的又一卷毛猫。德文卷毛猫很顽皮，像淘气的小精灵。它高兴时会像狗一样摇尾巴，由于它有这种习惯，加上它的被毛弯曲，所以它赢得了"卷毛狗"猫的别名。它自懂得四脚站立开始，便喜欢亲近人类，它是各个品种中最喜欢与人类接触及交朋友的品种之一。

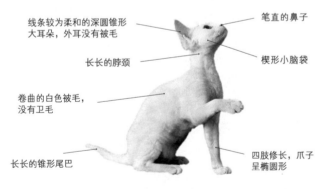

线条较为柔和的深圆锥形大耳朵，外耳没有被毛

笔直的鼻子

长长的脖颈

楔形小脑袋

卷曲的白色被毛，没有卫毛

四肢修长，爪子呈椭圆形

长长的锥形尾巴

• 饲养注意事项 •

德文卷毛猫的养护要充分考虑猫咪喜欢运动的天性，可以准备一个猫爬架，如果有时间，主人最好经常跟猫咪互动，德文卷毛猫很乐意与主人亲密接触。德文卷毛猫需要进行一些针对性训练，德文卷毛猫并不是很难训练的猫。德文卷毛猫的另一特点是易于打理，洗澡后只要用毛巾轻抹或晒晒太阳即可。它的脱毛情况相当轻微，甚至不容易被发觉。

短毛猫

德文卷毛猫·乳黄色虎斑重点色猫

乳黄色虎斑重点色猫小名片	
原产国	英国
祖先	流浪玳瑁猫 / 卷毛野生雄猫
体重范围	2.5 ~ 4 千克
寿命	13 ~ 18 年
梳理要求	每周 1 次
毛色和花纹	乳黄色
性格特点	顽皮、淘气、喜欢亲近人类、机灵且活泼、充满好奇心
遗传性疾病	缅甸猫低钾血症、出血性疾病、德文卷毛猫肌病变

　　培育者们用德文卷毛猫与缅甸猫、孟买猫、暹罗猫等品种进行杂交，培育出了各种颜色的猫，乳黄色虎斑重点色猫便是其中的一种，有着暹罗猫典型的重点色特征。虎斑重点色猫的被毛浓密卷曲，头部、四肢和尾巴上的虎斑斑纹清晰可见。德文卷毛猫的智商较高，可以居住在汽车房子或公寓里，汽车旅行也完全没问题，是老人、孩子的理想宠物。

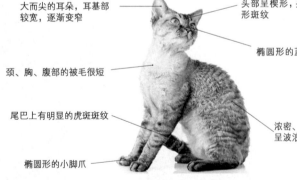

大而尖的耳朵，耳基部较宽，逐渐变窄

头部呈楔形，头上有"M"形斑纹

椭圆形的蓝色大眼睛

颈、胸、腹部的被毛很短

尾巴上有明显的虎斑斑纹

浓密、卷曲的乳黄色短被毛，呈波浪状，且覆盖全身

椭圆形的小脚爪

• 饲养注意事项 •

　　德文卷毛猫活泼、顽皮、又喜欢亲近人类，主人最好多多与猫咪进行游戏。德文卷毛猫的毛发打理起来很简单，主人只要定期给它们洗澡、检查一下身上有无寄生虫或伤口即可。德文卷毛猫的服从性很高，这会让训练难度大大降低。另外要注意的是，不提倡用德文卷毛猫与柯尼斯卷毛猫杂交。

德文卷毛猫·棕色虎斑猫

棕色虎斑猫小名片	
原产国	英国
祖先	流浪玳瑁猫 / 卷毛野生雄猫
体重范围	2.5 ~ 4 千克
寿命	13 ~ 18 年
梳理要求	每周 1 次
毛色和花纹	棕色
性格特点	顽皮、淘气、喜欢亲近人类、机灵且活泼、充满好奇心
遗传性疾病	缅甸猫低钾血症、出血性疾病、德文卷毛猫肌病变

棕色虎斑猫是德文卷毛猫的又一品种，其体毛较短且卷曲，身上的虎斑斑纹清晰。幼猫的被毛较为稀松。主人在带猫咪出门散步时，千万不要忘记给它们戴上牵引绳，否则德文卷毛猫很容易被其他人或动物吸引过去，到时候即便是主人的呼唤，它们可能也会视若无睹。德文卷毛猫的性格警觉而活泼，对周围的事物表现出浓厚的兴趣。

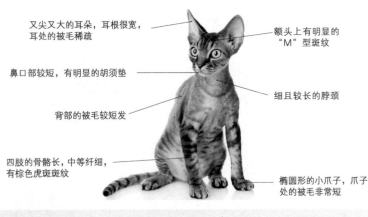

又尖又大的耳朵，耳根很宽，耳处的被毛稀疏

额头上有明显的"M"型斑纹

鼻口部较短，有明显的胡须垫

细且较长的脖颈

背部的被毛较短发

四肢的骨骼长，中等纤细，有棕色虎斑斑纹

椭圆形的小爪子，爪子处的被毛非常短

• 饲养注意事项 •

猫的食具要及时清理，最好能进行消毒处理，以保证猫咪的饮食健康安全。德文卷毛猫易患缅甸猫低钾血症，临床症状为周期性发作的骨骼肌无力，受影响的猫表现出行走困难或者无法正确地控制头部的动作。因此主人要时常注意猫咪的身体健康。还要注意的是，德文卷毛猫不适合长期待在户外或寒冷、潮湿的环境中。

德文卷毛猫·海豹色重点色猫

海豹色重点色猫小名片

原产国	英国
祖先	流浪玳瑁猫 / 卷毛野生雄猫
体重范围	2.5 ~ 4 千克
寿命	13 ~ 18 年
梳理要求	每周 1 次
毛色和花纹	海豹色重点色
性格特点	顽皮、淘气、喜欢亲近人类、机灵且活泼、充满好奇心
遗传性疾病	缅甸猫低钾血症、出血性疾病、德文卷毛猫肌病变

　　海豹色重点色猫是德文卷毛猫的一大重要分支，其被毛品质高是其一大特色，不过一般幼猫要到 18 个月大的时候才能长好被毛。除被毛品质之外，硕大的耳朵也是其标志性特征。海豹色重点色猫的底色为黄褐色，重点色为较深的海豹褐色，二者呈现出鲜明的对比。眼睛呈现出较为明亮的蓝色。德文卷毛猫像淘气的小精灵，它高兴时会像狗一样摇尾巴。

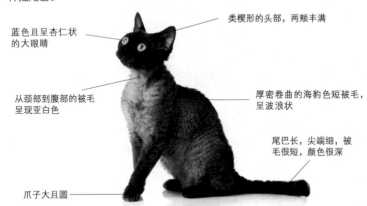

类楔形的头部，两颊丰满

蓝色且呈杏仁状的大眼睛

从颈部到腹部的被毛呈现亚白色

厚密卷曲的海豹色短被毛，呈波浪状

尾巴长，尖端细，被毛很短，颜色很深

爪子大且圆

· 饲养注意事项 ·

　　德文卷毛猫不需要主人频繁地为其洗澡，因为猫咪的体表会分泌出一种保护皮肤层的油脂，洗澡过于频繁可能会破坏到这层保护屏障，使猫咪的皮肤更容易受到外界的侵害。猫咪喂食要注意温度，太冷、太热的食物会让猫咪排斥进食。

德文卷毛猫·黑白猫

黑白猫小名片	
原产国	英国
祖先	流浪玳瑁猫 / 卷毛野生雄猫
体重范围	2.5 ~ 4 千克
寿命	13 ~ 18 年
梳理要求	每周 1 次
毛色和花纹	黑色、白色
性格特点	顽皮、淘气、喜欢亲近人类、机灵且活泼、充满好奇心
遗传性疾病	缅甸猫低钾血症、出血性疾病、德文卷毛猫肌病变

　　黑白猫也是德文卷毛猫培育的一大品种。与正常的德文卷毛猫相比，黑白猫对外界有着更强好奇心。在猫展上，此种猫咪面对外界的嘈杂并不感到害怕，而是兴奋地观察外界。由于头部比例的关系，黑白猫幼猫的耳朵显得格外的大，且黑色毛区与白色毛区有着明显的界限。他们感情丰富，活泼可爱，是非常好的宠物与伙伴。

楔形的头部

又大又尖的耳朵，耳位较低，耳基部较宽

椭圆形的眼睛，眼距宽，眼睛向耳朵处倾斜

四肢上浓密的黑色被毛

足部呈椭圆形

根部粗的锥形尾巴，尾巴上黑色被毛很短

·饲养注意事项·

　　经常为猫咪梳理毛发，可以减少污垢的堆积，避免毛发结球。德文卷毛猫的喂食第一要点就是科学合理。自猫咪断奶后开始吃猫粮的时候起，主人就要严格按照每天两餐、每餐定时供应的规律喂食。

拉波猫 · 棕色猫

棕色猫小名片	
原产国	美国
祖先	非纯种短毛猫
别名	拉邦卷毛猫、达拉斯拉波猫
体重范围	3.5 ~ 5.5 千克
寿命	12 ~ 15 岁
梳理要求	每周 2 ~ 3 次
毛色和花纹	棕色
性格特点	好奇心强、活泼

拉波猫因为拥有波浪式卷毛而得名，起源于美国的一家农场，后来繁育出了长毛和短毛两个品种，长毛品种也是由短毛猫繁育出来的。拉波猫的被毛由紧密的短毛、螺旋状长毛和直毛构成。许多拉波猫刚出生的时候是无毛的，八个星期内开始生长卷毛，第一只拉波猫刚出生时被人们称为"无疑是世界上最丑的猫咪"。

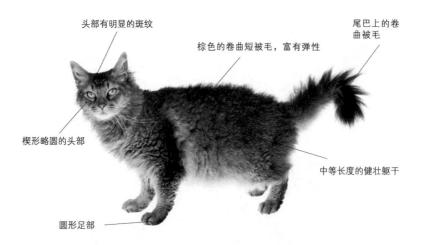

头部有明显的斑纹

棕色的卷曲短被毛，富有弹性

尾巴上的卷曲被毛

楔形略圆的头部

中等长度的健壮躯干

圆形足部

• 饲养注意事项 •

拉波猫的卷毛被毛适宜轻柔地梳理，偶尔用香波洗浴并及时用毛巾擦干，吹风机吹干。拉波猫的卷毛基因是显性基因，可以在合理增加卷毛猫数量的前提下，利用杂交的办法来扩大基因库。

拉波猫·乳黄暗灰色虎斑猫

乳黄暗灰色虎斑猫小名片	
原产国	美国
祖先	非纯种短毛猫
别名	拉邦卷毛猫、达拉斯拉波猫
体重范围	3.5 ~ 5.5 千克
寿命	12 ~ 15 岁
梳理要求	每周 2 ~ 3 次
毛色和花纹	乳黄色、灰色、虎斑花纹
性格特点	好奇心强、活泼

拉波猫又被称为"电烫卷猫",被毛呈波状或卷曲,光亮而有弹性,摸上去非常舒服。拉波猫是美国随机繁殖猫的后代,拥有一副东方长相,如楔形的头部、精干的体型。性格外向活泼,好奇心很强,喜欢寻求关注,感情丰富,易于相处,适合各类家庭饲养。它是"出色的猎人",很喜欢主人的陪伴,不适宜单独留置家中时间太久,否则会心情抑郁,不利于它的成长。

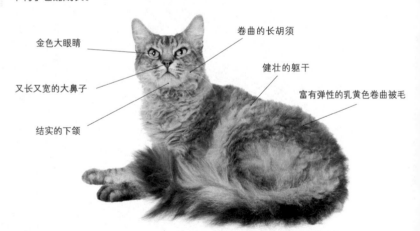

金色大眼睛

又长又宽的大鼻子

结实的下颌

卷曲的长胡须

健壮的躯干

富有弹性的乳黄色卷曲被毛

• 饲养注意事项 •

拉波猫如果得了猫癣,可以在兽医的指导下给它服用灰黄霉素,每日 2 ~ 3 次分服,服用 3 ~ 4 周。治疗期间每天在猫食中添加 4 毫升左右的植物油帮助它恢复。猫咪适当吃内脏有好处,因为里面含维生素 A,但吃太多会对猫咪关节有损害。

拉波猫·玳瑁色白色猫

玳瑁色白色猫小名片	
原产国	美国
祖先	非纯种短毛猫
别名	拉邦卷毛猫、达拉斯拉波猫
体重范围	3.5 ~ 5.5 千克
寿命	12 ~ 15 年
梳理要求	每周 2 ~ 3 次
毛色和花纹	玳瑁色、白色
性格特点	好奇心强、活泼

　　拉波卷毛猫，起源于美国俄勒冈州的一个农场，经过特定的培育逐渐定型为现如今的样子。玳瑁色白色猫的被毛呈波浪状，质地光亮而富有弹性，抚弄起来非常舒服，它的玳瑁色斑纹清晰。拉波猫性格外向，亲切温柔，对主人忠心耿耿，与主人关系亲密，需要经常陪伴。它好奇心又很重，总是大胆寻求关注，是活泼可爱的宠物，很适合各类家庭。

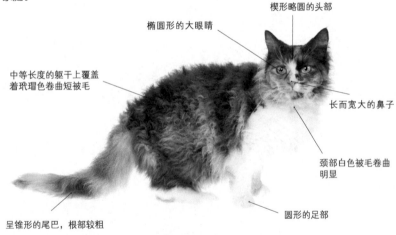

楔形略圆的头部

椭圆形的大眼睛

中等长度的躯干上覆盖着玳瑁色卷曲短被毛

长而宽大的鼻子

颈部白色被毛卷曲明显

呈锥形的尾巴，根部较粗

圆形的足部

● 饲养注意事项 ●

　　拉波猫比较怕冷，特别是幼猫，因此要在家里为他们准备一个温暖的小窝，平时也要注意猫咪的保暖。拉波猫卷曲的被毛比较容易依附尘土，所以要经常为其梳理毛发，并定期为其洗澡。一般来说冬季每个月洗一次，夏季时每个月洗两次。

短毛猫

阿比西尼亚猫·红色猫

红色猫小名片	
原产国	埃塞俄比亚
祖先	非纯种斑纹毛色短毛猫
别名	埃塞俄比亚猫、兔猫、阿比、红阿比
体重范围	4 ~ 7.5 千克
寿命	15 ~ 20 年
梳理要求	每周 1 次
毛色和花纹	红色、巧克力色、黑色，具有独特的多层色和面部斑纹
性格特点	温顺、活泼、警觉
遗传性疾病	丙酮酸激酶缺乏症、进行性视网膜萎缩症

　　阿比西尼亚猫是一种历史悠久的短毛猫种，来源有两种说法，一种说法是说它是古埃及猫的后裔，古埃及猫被古埃及人崇拜为"神圣之物"，阿比西尼亚猫也有着王者风范，体态优雅，眼睛闪着金色光泽，因为步态优美，又被誉为芭蕾舞猫；另一种说法是19世纪60年代，它的祖先被一位英国军官从阿比西尼亚带回英国。现实是阿比西尼亚猫确实是在英国繁育的。

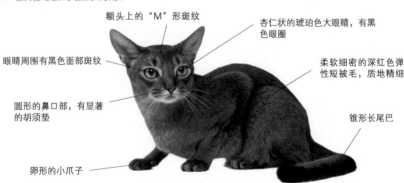

额头上的"M"形斑纹

眼睛周围有黑色面部斑纹

圆形的鼻口部，有显著的胡须垫

卵形的小爪子

杏仁状的琥珀色大眼睛，有黑色眼圈

柔软细密的深红色弹性短被毛，质地精细

锥形长尾巴

• 饲养注意事项 •

　　阿比西尼亚猫的毛色并不是单一毛色，它的每一根毛都有两到三个色带，使得被毛呈现美丽的明暗光泽变化，毛质柔软细致，摸起来非常舒服，它是短毛猫中的贵族，是世界上最流行的短毛猫之一。一般一周梳理一次被毛即可，6个月内的小猫咪不要洗澡，6个月以上的猫咪每月2 ~ 3次，洗澡太多，会使油脂大量丧失，被毛会粗糙、无光泽，还易患皮肤炎。

阿比西尼亚猫·红褐色猫

红褐色猫小名片	
原产国	埃塞俄比亚
祖先	非纯种斑纹毛色短毛猫
别名	埃塞俄比亚猫、兔猫、阿比、红阿比
体重范围	4 ~ 7.5 千克
寿命	15 ~ 20 年
梳理要求	每周 1 次
毛色和花纹	红褐色、黑褐色、黑色，具有独特的多层色和面部斑纹
性格特点	温顺、活泼、警觉
遗传性疾病	丙酮酸激酶缺乏症、进行性视网膜萎缩症

　　阿比西尼亚猫有着多种漂亮的毛色，最常见的是红褐色，间有黑色杂毛。被毛细密有弹性，绒毛层发达。它的身体修长，四肢高而细长，尾巴长，性格温和，体态轻盈，聪明通人性，叫声小而悦耳，像小狮子似的外表看上去非常可爱，喜欢独居，善于爬树，是理想的伴侣。因为它的毛色同野兔相似，英国人也称它为兔猫或球猫。阿比西尼亚猫尊贵、庄严，拥有帝王之相，加上华丽的被毛，使得它越来越受欢迎，可是繁殖率并不高。

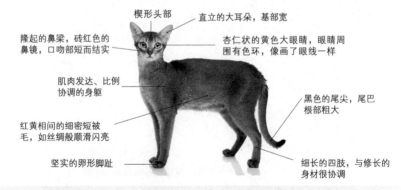

楔形头部

直立的大耳朵，基部宽

隆起的鼻梁，砖红色的鼻镜，口吻部短而结实

杏仁状的黄色大眼睛，眼睛周围有色环，像画了眼线一样

肌肉发达、比例协调的身躯

黑色的尾尖，尾巴根部粗大

红黄相间的细密短被毛，如丝绸般顺滑闪亮

坚实的卵形脚趾

细长的四肢，与修长的身材很协调

• 饲养注意事项 •

　　阿比西尼亚猫拥有狗的灵魂，因为它很善于表达自己的情感，喜欢时刻跟在主人身边。它智商很高，几乎能完成所有的互动游戏。阿比西尼亚猫精力充沛，为保持它的运动量，需要提供高蛋白食物。它非常爱干净，最好经常清理猫砂，给猫咪一个洁净的环境。它喜欢主人的抚摸，但不喜欢被人抱，讨厌受限制的感觉。

埃及猫

埃及猫小名片	
原产国	埃及
别名	法老王猫、埃及神猫
体重范围	2.5 ~ 5 千克
寿命	12 ~ 15 年
梳理要求	每周 1 次
毛色和花纹	在斑点纹被毛中有铜色和银色被毛，黑烟色被毛有"幽灵"斑纹
性格特点	聪敏、敏锐、敏感

埃及猫原产于埃及，历史悠久，品种古老，在古埃及被奉为神猫。埃及猫的皮肤和毛色上都有像豹的斑纹，被称为"小型豹"。埃及猫是点状虎斑种的猫中唯一不以人工繁殖，而是自然形成点状花纹的猫种，身上的点状花纹大小不等地随意分布，脸、四肢、尾巴上有条纹图案。埃及猫非常聪明活泼，敏感，如果不加看管，容易逃脱。有点胆小，怕陌生人，叫声优美。

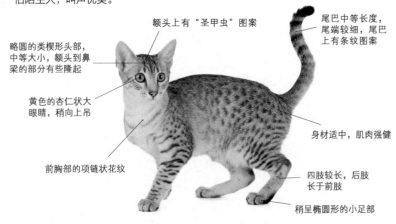

额头上有"圣甲虫"图案

略圆的类楔形头部，中等大小，额头到鼻梁的部分有些隆起

黄色的杏仁状大眼睛，稍向上吊

前胸部的项链状花纹

尾巴中等长度，尾端较细，尾巴上有条纹图案

身材适中，肌肉强健

四肢较长，后肢长于前肢

稍呈椭圆形的小足部

• 饲养注意事项 •

埃及猫的身体结构、行为不同于现代家猫，它是年代久远的家猫品种。它对温度很敏感，喜欢温暖的地方。它非常适合户外生活，如果从幼小时开始训练，它会学会避开户外的所有危险。它对同类不友好，对陌生人也会躲避，因此不适合公寓生活或经常有客人的家庭。埃及猫的毛发易打理，每周梳理一次被毛即可。

东奇尼猫

东奇尼猫小名片	
原产国	美国
祖先	缅甸猫 × 暹罗猫
别名	埃塞俄比亚猫、兔猫、阿比、红阿比
体重范围	2.5 ~ 5.5 千克
寿命	10 ~ 15 岁
梳理要求	每周 1 次
毛色和花纹	除肉桂色和浅黄褐色以外的所有毛色，花纹包括重点色、斑纹和玳瑁色
性格特点	独立、有爱心

　　东奇尼猫是美国人汤普森在 20 世纪 30 年代将全身为巧克力色的暹罗猫和缅甸猫杂交产生的，它结合了两个品种的毛色，比亚洲原始猫种身形更紧凑，在英国、美国深受人们的喜爱。东奇尼猫很独立，有统御能力，同时也很有爱心，喜欢爬到主人的膝上，与同伴交往很友好，也乐于欢迎到家中拜访的陌生人，是理想的家庭宠物。

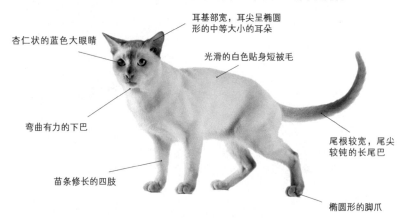

杏仁状的蓝色大眼睛

耳基部宽，耳尖呈椭圆形的中等大小的耳朵

光滑的白色贴身短被毛

弯曲有力的下巴

苗条修长的四肢

尾根较宽，尾尖较钝的长尾巴

椭圆形的脚爪

●饲养注意事项●

　　东奇尼猫的眼中会有一些分泌物，如果不清理的话，会在眼睛周边形成"泪疙瘩"，可以用温水清洗猫咪眼睛，注意不能用人类眼药水。如果除了眼屎，还有发烧、食欲不振等现象，则是疾病的征兆，需要立即送到兽医那里诊断。对猫咪进行训练的最佳时间是 2 ~ 3 月龄，最好是喂食前，这时猫咪比较听话，用食物诱惑容易成功。

短毛猫

哈瓦那猫

哈瓦那猫小名片	
原产国	美国 / 英国
祖先	非纯种斑纹毛色短毛猫
别名	棕猫、哈瓦那、哈瓦那猫、哈瓦那棕毛猫
体重范围	2.5 ~ 4.5 千克
寿命	10 年
梳理要求	每周 1 次
毛色和花纹	深棕色和淡紫色
性格特点	友爱

　　哈瓦那猫是由英国的畜牧专家繁育出来的，用暹罗猫和短毛猫杂交产生的。因为其体毛、鼻子、胡须都是褐色的，与古巴哈瓦那雪茄烟颜色一样，所以取名哈瓦那猫，意思是雪茄烟色猫。哈瓦那猫性格外向，富有活力，贪玩，恋家，对人很亲切，喜欢得到人的关注。当被忽视时，它总会主动寻求关注。母猫责任感强，对小猫咪的照顾尽心尽力。

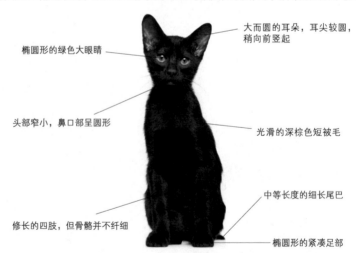

大而圆的耳朵，耳尖较圆，稍向前竖起

椭圆形的绿色大眼睛

头部窄小，鼻口部呈圆形

光滑的深棕色短被毛

中等长度的细长尾巴

修长的四肢，但骨骼并不纤细

椭圆形的紧凑足部

● 饲养注意事项 ●

　　英国繁育的哈瓦那猫有像暹罗猫那样瘦长的体型，而美国繁育者培育的哈瓦那猫是圆脸，体型也不那么瘦长，但不管哪种体型，哈瓦那猫咪总是喜欢接近人类。饲养哈瓦那猫的主人最好抽出一定时间陪它玩耍，如果无人理睬，它会主动寻求关注。

虎猫

虎猫小名片	
原产国	美国
祖先	条纹短毛猫 × 孟加拉猫
别名	普通虎猫
体重范围	5.5 ~ 10 千克
寿命	10 ~ 20 年
梳理要求	每周 1 次
毛色和花纹	仅限棕色鲭鱼斑纹
性格特点	性格外向、自信

　　人们在 20 世纪 90 年代用一只条纹短毛猫和一只孟加拉猫杂交生产出了虎猫。虎猫分布于美洲，从得克萨斯州到阿根廷。虎猫背上的颜色有白色、茶色、黄色、灰色多种，头上有黑点，脸颊上有两条黑带，身上有着无序竖直条纹的斑纹被毛，与其他斑纹都不同。虎猫性格自信，肌肉发达，体质健壮，形体优美，是独特的"玩具老虎"。虎猫善于攀援、跳跃，视觉灵敏，具有夜视能力，有着丛林之王的力量。

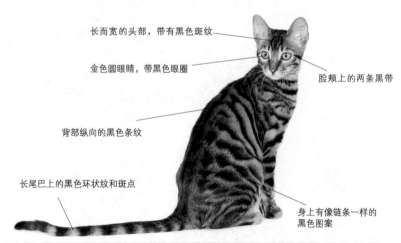

长而宽的头部，带有黑色斑纹

金色圆眼睛，带黑色眼圈

脸颊上的两条黑带

背部纵向的黑色条纹

长尾巴上的黑色环状纹和斑点

身上有像链条一样的黑色图案

・饲养注意事项・

　　虎猫自信而生活态度比较安逸，所以适合各类家庭饲养。虎猫虽然活跃好动，但容易管理，有时间的话主人可以陪它做游戏或牵绳散步，使它的野性得以释放。水产不易给猫咪吃，如章鱼等可能引起消化不良，严重的会引起死亡。

麦肯奇猫

麦肯奇猫小名片	
原产国	美国
体重范围	2.5 ~ 4 千克
梳理要求	每周 1 次
毛色和花纹	所有毛色、阴影色和花纹
性格特点	活泼

　　麦肯奇猫最早繁育于路易斯安那州，一次偶然的基因突变造成此品种猫咪四肢短小，但是很健康，速度也没有影响。尽管有一定的知名度，但许多国家猫种注册机构并不认可。麦肯奇猫性格活泼外向，喜欢跟在主人身边，希望得到主人的关注。麦肯奇猫一直被用于繁育其他的短腿猫，如巴比诺猫，虽然将短毛家猫和长毛家猫进行异型杂交，有助于保持基因健康，但纯种麦肯奇猫的繁育却变得越来越困难。

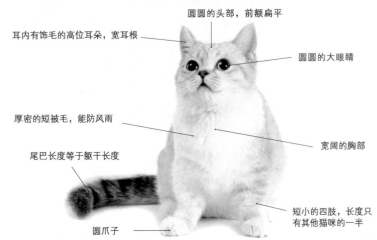

圆圆的头部，前额扁平

耳内有饰毛的高位耳朵，宽耳根

圆圆的大眼睛

厚密的短被毛，能防风雨

宽阔的胸部

尾巴长度等于躯干长度

短小的四肢，长度只有其他猫咪的一半

圆爪子

• 饲养注意事项 •

　　麦肯奇猫拥有非常厚密的短被毛，所以需要饲养者每周梳理一次，防止被毛缠结而造成猫咪的疼痛。猫咪四肢短小，只有其他品种长度的一半，所以尽量少让猫咪做跳跃的游戏。

美国短尾猫·棕色虎斑猫

棕色虎斑猫小名片	
原产国	美国
别名	美短尾
体重范围	3 ~ 7 千克
寿命	15 ~ 20 年
梳理要求	每周 1 次
毛色和花纹	棕色、虎斑纹等
性格特点	文静、重感情

美国短尾猫原产于美国北部，是中大型猫咪，短尾巴是自然产生的。美国短尾猫身体健壮，肌肉发达，性格良好，具有超强的适应能力，也具有自然生存需要的一切智慧和技能，非常聪明。美国短尾猫成熟得较慢，2 ~ 3 年才会成熟。野外的短尾猫最长寿的有 16 岁，而人工饲养的则有 32 岁，一般的寿命为 6 ~ 8 岁。北美短尾猫热爱家庭生活，与孩子玩耍，对其他动物很友好，除了外表，完全是家猫的性格。

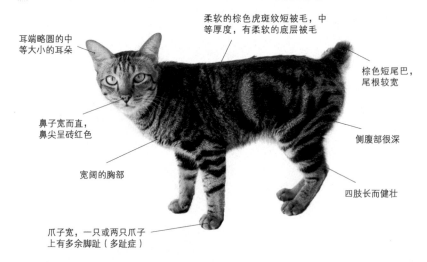

耳端略圆的中等大小的耳朵

柔软的棕色虎斑纹短被毛，中等厚度，有柔软的底层被毛

棕色短尾巴，尾根较宽

鼻子宽而直，鼻尖呈砖红色

侧腹部很深

宽阔的胸部

四肢长而健壮

爪子宽，一只或两只爪子上有多余脚趾（多趾症）

• 饲养注意事项 •

在 20 世纪 70、80 年代，由于其皮毛价值上涨被大量捕杀，90 年代价格骤跌。短尾猫被列在濒临绝种动植物国际贸易公约的附录中，即它们没有灭绝的危险，但要监察对它的猎杀和买卖。北美短尾猫有着厚被毛，需要主人的梳理。

美国短尾猫·棕色斑点猫

棕色斑点猫小名片	
原产国	美国
别名	美短尾
体重范围	3 ~ 7 千克
寿命	15 ~ 20 年
梳理要求	每周 1 次
毛色和花纹	棕色斑点等
性格特点	恬静、温柔

　　美国短尾猫除了短毛品种还有长毛品种，它们都天生具有短尾。美国短尾猫有着超强的适应能力，野外生存时斑点会帮助它们伪装，它们会选择黎明、黄昏出没，在缺乏食物时会猎食较大的动物，如松鼠、野兔、鸟类等。它们也会自相残杀，捕食幼猫，所以有时幼猫很难长大。但与人相处中，美国短尾猫非常活跃，也喜欢安静，既喜欢与人类互动，也不过分黏人，性格很温柔，和其他猫咪、狗狗都能友好相处，是适宜任何家庭的宠物。

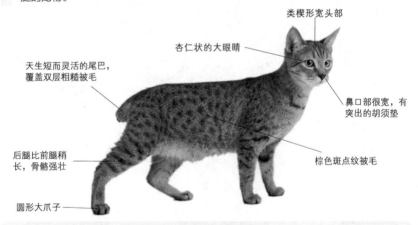

类楔形宽头部

杏仁状的大眼睛

天生短而灵活的尾巴，覆盖双层粗糙被毛

鼻口部很宽，有突出的胡须垫

后腿比前腿稍长，骨骼强壮

棕色斑点纹被毛

圆形大爪子

●饲养注意事项●

　　由于猫咪没有白齿，不管什么食物，它们都是撕咬成小块，再直接吞下去，所以猫粮以外的食物要先切碎。猫粮喂食前要先用温水泡软。平时给猫咪准备清水就可以了，如果猫咪生病期间拒食的话，可以喂一些葡萄糖水加生理盐水，但不要长期服用。猫咪生病时，禁止喂食牛奶和蛋黄，否则易导致便秘或腹泻。

孟加拉猫

孟加拉猫小名片	
原产国	美国
体重范围	5.5 ~ 10 千克
寿命	15 ~ 20 年
梳理要求	每周 1 次
毛色和花纹	棕色、海豹深褐色、雪花色；斑点花纹、经典大理石花纹或重点色斑纹
性格特点	自信、活泼、服从性高

孟加拉猫最初被称为小豹猫，20 世纪 80 年代被正式认可为新品种。孟加拉猫具有华丽的被毛和结实的大型躯干，虽然祖先比较凶猛，但它们不具有野性，对人类很友好，适合家庭饲养。孟加拉猫属于中大型猫种，性格自信、活泼、友善，是一个和平主义者，比其他品种的猫更服从主人，经过训练，可以像狗一样作出动作，和其他动物相处很融洽。

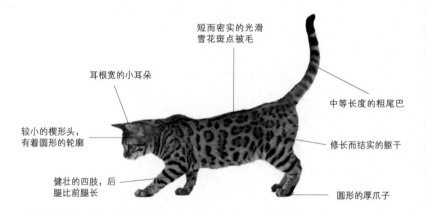

短而密实的光滑雪花斑点被毛

耳根宽的小耳朵

中等长度的粗尾巴

较小的楔形头，有着圆形的轮廓

修长而结实的躯干

健壮的四肢，后腿比前腿长

圆形的厚爪子

• 饲养注意事项 •

　　孟加拉猫的大体型让人误以为它会需要大量的运动，实际上与狗水平运动不同的是猫咪的运动是垂直上下的，因此不需要太大水平空间，猫咪喜欢待在高处，只要满足能垂直上下的运动设施就可以。孟加拉猫的被毛比普通家猫的还要短，所以掉毛的现象不严重。猫咪个性温和，但不适宜与儿童单独放在一起，以免意外发生。

千岛短尾猫·红色虎斑猫

红色虎斑猫小名片	
原产国	北太平洋的千岛群岛
体重范围	3 ~ 4.5 千克
寿命	7 ~ 15 岁
梳理要求	每周 2 ~ 3 次
毛色和花纹	大多数单色、阴影色和花纹，包括斑纹
性格特点	独立、温顺

千岛短尾猫因起源于北太平洋的千岛群岛而得名，其祖先可追溯到俄罗斯堪察加半岛、千岛群岛、库页岛。千岛短尾猫是自然产生的家庭驯养的猫品种。该猫咪因有着结实的骨骼、俊美的体型和蓬松的短尾巴而出名。它拥有出色的捕鱼和捕猎技能，充满力量，它的个性独立，热爱家庭生活，与主人关系亲密，也渴望主人的关爱体贴。

耳基部大，稍向前倾斜的三角形耳朵，耳尖稍圆

核桃形状的金色眼睛

有弹性的如丝绸般光滑柔软的火焰纹被毛

类楔形头部

蓬蓬的扭结的短尾巴，尾巴的方向不重要

圆形足

腿部有明显的条带纹

● 饲养注意事项 ●

千岛短尾猫是珍贵稀少的短尾猫品种，它非常独立，拥有正方形的身躯，肌肉发达而结实，看上去非常有力量，它们性格活泼有爱心，但必须有人的陪伴才会茁壮成长，渴望主人体贴。

千岛短尾猫·黑色虎斑猫

黑色虎斑猫小名片	
原产国	北太平洋的千岛群岛
体重范围	3 ~ 4.5 千克
寿命	10 ~ 17 年
梳理要求	每周 1 次
毛色和花纹	大多数单色和阴影色，双色、玳瑁和斑纹（除多层色外）花纹
性格特点	爱好交际

千岛短尾猫是自然基因突变产生的短尾巴，原产于千岛群岛，20 世纪开始流行于俄罗斯大陆，给人的第一印象就是它的力气，它有着惊人的捕猎和捕鱼技巧。它们的性格活泼友爱，爱好交际，必须有人陪伴，不能长时间单独留在家中。千岛短尾猫的尾巴每只都不太相同，有的卷曲，有的向任一方向弯曲，有许多的结节。

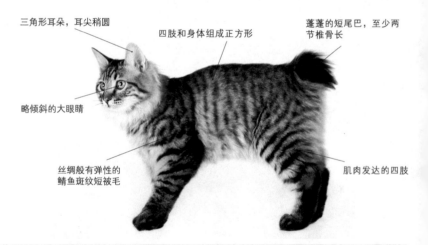

三角形耳朵，耳尖稍圆

四肢和身体组成正方形

蓬蓬的短尾巴，至少两节椎骨长

略倾斜的大眼睛

丝绸般有弹性的鲭鱼斑纹短被毛

肌肉发达的四肢

• 饲养注意事项 •

千岛短尾猫的尾巴看上去蓬蓬的或者像刷子，尾巴可能是僵硬或灵活的，由一个或多个扭结或曲线组成，尾巴的方向不重要，但至少由两节椎骨组成。尾巴的被毛与身体被毛一样长。这种猫咪很悠闲，适合家庭饲养。

短毛猫

日本短尾猫

日本短尾猫小名片	
原产国	日本
别名	日本截尾猫，花猫，短尾花猫
体重范围	2.5 ~ 4 千克
寿命	10 ~ 17 年
梳理要求	每周 1 次
毛色和花纹	所有毛色和花纹，包括玳瑁色、双色和斑纹（除多层色外）
性格特点	聪明、温顺

　　日本短尾猫原产于日本，传入美国后经改良繁育而来。日本短尾猫现在已跻身于世界著名观赏猫的行列，尾巴仅长 10 厘米左右，是嘴巴最短的猫品种，以三色猫（也称为玳瑁色猫）最受欢迎，招财猫的样子即来自于日本短尾猫。日本短尾猫坐着的时候往往要抬起一只前爪，据说代表吉祥如意。玳瑁色 - 白色猫被认为是大吉大利。日本人认为该品种是幸运的象征，因此有很多家庭饲养。

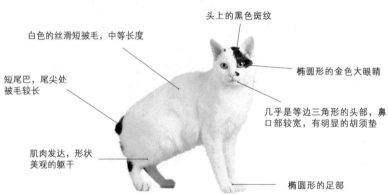

头上的黑色斑纹

白色的丝滑短被毛，中等长度

椭圆形的金色大眼睛

短尾巴，尾尖处被毛较长

几乎是等边三角形的头部，鼻口部较宽，有明显的胡须垫

肌肉发达，形状美观的躯干

椭圆形的足部

● 饲养注意事项 ●

　　日本短尾猫对环境的适应能力很强，属于杂食动物，易于饲养，猫食以肉鱼为主。日本短尾猫聪明伶俐，叫声像唱歌一样，性格温顺，动作敏捷，公猫稳重大方，雌猫优雅华贵。日本短尾猫最大的特色是有兔子一样的短尾巴，非常可爱。短毛猫的舌头长，常自己清理被毛，主人可以抽出时间用手轻柔地抚摸它，这样可以帮助它传递被毛所需的油脂，使被毛更亮泽。

短毛猫

萨凡纳猫

萨凡纳猫小名片	
原产国	美国
别名	热带草原猫
体重范围	5.5 ~ 10 千克
寿命	17 ~ 20 年
梳理要求	每周 1 次
毛色和花纹	棕色斑点纹、带银色斑点的黑色斑纹、黑色或黑烟色。黑色或黑烟色被毛上可见"幽灵"斑点
性格特点	外向、热情、喜欢冒险

萨凡纳猫也叫热带草原猫，是薮猫和家猫的偶然交配产生的，萨凡纳猫继承了雄性薮猫的许多生理特征，和非洲薮猫非常相似，只是体型小一些。它们有着明显的深色斑点，又高又瘦，体态优雅，热情外向，四肢修长，大大的立耳，都与众不同。但它最出名的是个性，它好动又爱冒险，像戏水、开门、扒乱衣橱里的衣物等是它的娱乐活动。它性格挑剔，不适合新手饲养者。

又大又宽的高位耳朵，直立在头顶

头上的黑色斑纹

棕色斑点纹被毛柔顺地紧贴在强壮的身体上

等边三角形的小脑袋

中等长度的粗尾巴

细长的颈部

长长的四肢上有小斑点，肌肉发达

● 饲养注意事项 ●

萨凡纳猫拥有高贵的气质和漂亮的皮毛，深受国外皇室贵族的喜爱。它严肃的脸看上去非常野性，运动神经发达，动作敏捷，弹跳力强，可以原地跃起达 2 米以上，可以一跃到达柜子顶部，它们的叫声特别响亮，也喜欢玩水，能自己开关水龙头，因此不适合公寓生活。

塞伦盖蒂猫

塞伦盖蒂猫小名片	
原产国	美国
祖先	孟加拉猫 × 东方短毛猫
别名	赛伦盖提猫
体重范围	3.5 ~ 7 千克
寿命	15 ~ 20 年
梳理要求	每周 1 次
毛色和花纹	黑色单色；带任何棕色或银色阴影色的斑点纹；黑烟色
性格特点	活泼

塞伦盖蒂猫繁育于美国加利福尼亚州，原产于坦桑尼亚，人们的目的是想培育出像薮猫一样的但又不具有野生基因的猫种。它是孟加拉猫和东方短毛猫杂交的后代，和其他猫种相比拥有大大的耳朵、细长的颈部、长长的四肢和挺拔的身姿。塞伦盖蒂猫生性活泼好动，喜欢攀爬，好奇心强，与主人关系亲密，是家庭的理想伴侣。

厚密的棕色斑点纹短被毛覆盖在瘦长的躯干上

椭圆形大眼睛

直立的大耳朵，耳根宽，耳端较圆

黑色尾尖

长长的四肢

长长的颈部

• 饲养注意事项 •

塞伦盖蒂猫身体非常灵活，喜欢攀爬，也喜欢到高处探索，所以家中可以准备一些猫爬架，或利用家中空间搭建立体的设施供猫咪娱乐。塞伦盖蒂猫与主人关系融洽，是人们的理想宠物。

斯库卡姆猫

斯库卡姆猫小名片	
原产国	美国
祖先	麦肯奇猫 / 拉波猫
体重范围	2.5 ~ 4 千克
寿命	12 ~ 17 年
梳理要求	每周 1 次
毛色和花纹	所有毛色和花纹
性格特点	活泼、好动

斯库卡姆猫是麦肯奇猫和拉波猫的杂交后代，起初在美国，后来英国、新西兰等地也开始繁育，有相当长的时间，但数量少，也没有获得广泛的承认，目前没有注册机构认可。它拥有两个明显的特征：超短的四肢、柔软卷曲的被毛，或长或短，不容易打结，但梳理较为方便。斯库卡姆猫性格活泼好动，可以跟长腿猫咪一样奔跑、跳跃。

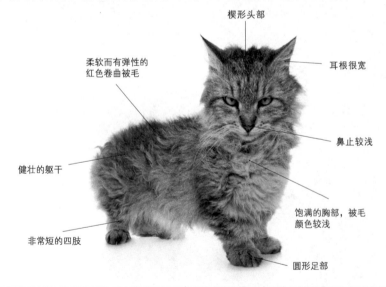

楔形头部

柔软而有弹性的
红色卷曲被毛

耳根很宽

鼻止较浅

健壮的躯干

饱满的胸部，被毛
颜色较浅

非常短的四肢

圆形足部

● 饲养注意事项 ●

斯库卡姆猫虽然腿短，但是也能像长腿猫咪一样快捷灵活地奔跑、跳跃。它的卷曲被毛要轻柔地梳理，需偶尔用香波洗澡，并及时用毛巾擦干，吹风机吹干，以免猫咪着凉。这是护理斯库卡姆猫的最佳方式。

雪鞋猫

雪鞋猫小名片	
原产国	美国
祖先	美国短毛猫 × 暹罗猫
别名	银边猫
体重范围	2.5 ~ 5.5 千克
寿命	12 ~ 14 年
梳理要求	每周 1 次
毛色和花纹	典型的暹罗猫重点色花纹，白色爪子。蓝色和海豹色最为常见
性格特点	活泼、好交际、贪玩、温柔

雪鞋猫是 1960 年美国人用双色美国短毛猫和暹罗猫杂交而培育出来的，它结合了暹罗猫的颜色和伯曼猫的白色脚踝，根据短毛、四蹄踏雪的特征，被称为雪鞋猫。白雪似的足部非常迷人。雪鞋猫性格外向，聪明，忠诚，易于与其他宠物相处，个性稳定，喜欢家庭氛围，成为初次养猫爱好者的良好选择。刚出生的雪鞋猫全身洁白，需要两年才能长出完整的颜色。

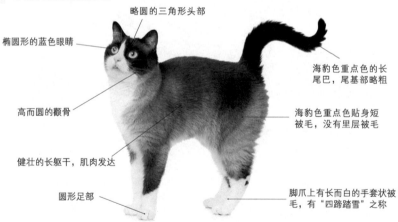

略圆的三角形头部

椭圆形的蓝色眼睛

高而圆的颧骨

健壮的长躯干，肌肉发达

圆形足部

海豹色重点色的长尾巴，尾基部略粗

海豹色重点色贴身短被毛，没有里层被毛

脚爪上有长而白的手套状被毛，有"四蹄踏雪"之称

• 饲养注意事项 •

雪鞋猫渴望主人的宠爱，喜欢与主人玩耍，因此饲养者可以抽出一定时间陪伴它。雪鞋猫爱干净，在舒适的家中生活得很愉快，天气晴朗时可以带它到花园散步。雪鞋猫贪玩，是孩子的玩伴，对主人有感情，温柔，比专横的暹罗猫好很多。

短毛猫

无毛猫

　　无毛猫其实并不是完全无毛，大多数长有一层精细被毛，如加拿大无毛猫和彼得无毛猫。无毛猫最大的优势是毛少，不但不需要梳理，而且不会使主人产生猫毛过敏的现象，不过无毛猫因为无毛，对外界温度的调节能力差，既怕冷又怕热，夏季要涂抹防晒霜，冬季温度要保持在 20℃以上，给它穿衣服保暖。

加拿大无毛猫·红色虎斑猫

红色虎斑猫小名片	
原产国	加拿大
别名	斯芬克斯猫
体重范围	3.5 ~ 7 千克
寿命	9 ~ 15 岁
清洗要求	每周 2 ~ 3 次
毛色和花纹	红色、粉色、乳白色
性格特点	温顺、独立性强、感情丰富

　　加拿大无毛猫也叫斯芬克斯猫，是无毛猫中最著名的品种，因为自然基因突变而导致其无毛的外观。因与古埃及神话中斯芬克斯相似而得名。其实加拿大无毛猫并非完全无毛，大多数在表面有一层精细被毛，头部、尾部、爪部也有一些绒毛。它有良好的社交能力，易与人相处。但需要在室内饲养，以保护它免受极端气候的影响。

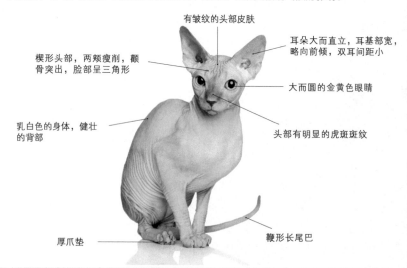

有皱纹的头部皮肤

耳朵大而直立，耳基部宽，略向前倾，双耳间距小

楔形头部，两颊瘦削，颧骨突出，脸部呈三角形

大而圆的金黄色眼睛

乳白色的身体，健壮的背部

头部有明显的虎斑斑纹

厚爪垫

鞭形长尾巴

·饲养注意事项·

　　加拿大无毛猫因为没有被毛，所以皮肤分泌的过多油脂没有办法吸收，需要主人定期给它洗澡，应从小培养它洗澡的习惯，以免成年后拒绝洗澡。加拿大无毛猫有着昼伏夜出的习性，白天都在休息或睡觉，黎明或傍晚是它最活跃的时刻。在光线充足的地方，会将瞳孔缩小，在暗处，瞳孔会放大。

加拿大无毛猫·巧克力色猫

巧克力色猫小名片	
原产国	加拿大
别名	斯芬克斯猫
体重范围	3.5 ~ 7 千克
寿命	9 ~ 15 岁
清洗要求	每周 2 ~ 3 次
毛色和花纹	巧克力色
性格特点	温顺、独立性强、感情丰富

　　加拿大无毛猫原产于加拿大安大略省多伦多市，是养猫爱好者从无毛的猫仔中特意培育的，无毛猫的出现完全是自然发生的基因突变的结果，并非人为控制。对猫毛过敏的人士最适合饲养加拿大无毛猫。其实加拿大无毛猫并非真的无毛，在耳、口、鼻、尾等部位有一些薄薄的软毛，其他部分无毛，它的皮肤多有皱纹，且弹性很好。巧克力色加拿大无毛猫身体颜色为巧克力色，鼻子颜色较深，耳朵很大。

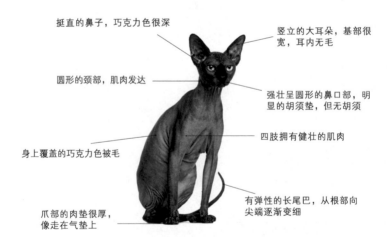

挺直的鼻子，巧克力色很深

竖立的大耳朵，基部很宽，耳内无毛

圆形的颈部，肌肉发达

强壮呈圆形的鼻口部，明显的胡须垫，但无胡须

四肢拥有健壮的肌肉

身上覆盖的巧克力色被毛

爪部的肉垫很厚，像走在气垫上

有弹性的长尾巴，从根部向尖端逐渐变细

· 饲养注意事项 ·

　　加拿大无毛猫容易出汗，体温比其他猫高出 4℃，所以要不断进食以维持新陈代谢。加拿大无毛猫既怕冷，又怕热，对温度调节变化能力差，因为无毛，所以当室温在 27℃ 左右时，它会感觉到非常舒适，夏天需要防晒，冬天需要衣物保暖。无毛猫会有三眼皮，如果长时间出现第三眼皮是生病的表现。

无毛猫 ::::::::::::::::::::::::::

加拿大无毛猫·蓝白猫

蓝白猫小名片	
原产国	加拿大
别名	斯芬克斯猫
祖先	非纯种短毛猫
体重范围	3.5 ~ 7 千克
寿命	9 ~ 15 岁
清洗要求	每周 2 ~ 3 次
毛色和花纹	蓝色、白色
性格特点	温顺、独立性强、感情丰富

　　加拿大无毛猫性情憨厚，忍耐心强，脾气好，对人很友好，对主人极为忠诚，在这方面很像狗。加拿大无毛猫并非全身无毛，有的有一层纤细的毛，眼睛看不到，有人就称为桃色绒毛，摸起来像暖和的水蜜桃。加拿大无毛猫蓝白猫头部棱角分明，像三角形，耳郭很大，除此之外，它还拥有皱巴巴的皮肤，圆滚滚的腹部，最让人心动的是它具有超强的社交能力和亲和力。

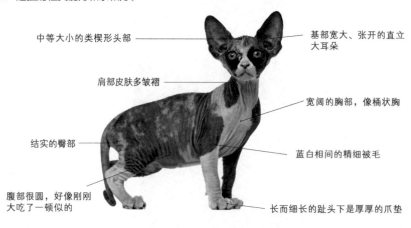

中等大小的类楔形头部

肩部皮肤多皱褶

结实的臀部

腹部很圆，好像刚刚大吃了一顿似的

基部宽大、张开的直立大耳朵

宽阔的胸部，像桶状胸

蓝白相间的精细被毛

长而细长的趾头下是厚厚的爪垫

●饲养注意事项●

　　加拿大无毛猫非常爱干净，常常用舌头舔毛，以清除身上的异味和脏东西。它的舌头上有很多小突起，是清洁利器。既能帮助去除脏东西，刺激皮脂腺的分泌，夏季还具有散热的作用，又能舔食到维生素D，促进骨骼发育。爱干净的另一个表现是将粪便掩盖，是讲卫生的宠物。

加拿大无毛猫·蓝色猫

蓝色猫小名片	
原产国	加拿大
别名	斯芬克斯猫
祖先	非纯种短毛猫
体重范围	3.5 ~ 7 千克
寿命	9 ~ 15 岁
清洗要求	每周 2 ~ 3 次
毛色和花纹	蓝色
性格特点	温顺、独立性强、感情丰富

加拿大无毛猫皮肤有很多褶皱，也有弹性，年龄越小的无毛猫面部越圆，皱纹越多。蓝色加拿大无毛猫身体颜色为中等深度的纯蓝色，耳朵直立在头顶，耳郭硕大，耳朵稍前倾。身上有一层又薄又软的胎毛，身体肌肉发达，背较驼，四肢纤细，尾巴又细又长。加拿大无毛猫的皱纹皮肤并非它独有，其实所有猫种的被毛下都有同样的皮肤，只是被毛发覆盖了而未见到。

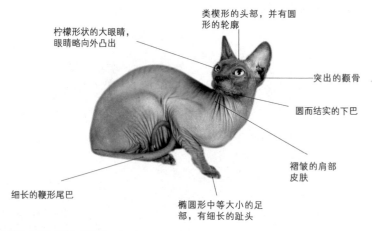

类楔形的头部，并有圆形的轮廓

柠檬形状的大眼睛，眼睛略向外凸出

突出的颧骨

圆而结实的下巴

褶皱的肩部皮肤

细长的鞭形尾巴

椭圆形中等大小的足部，有细长的趾头

● 饲养注意事项 ●

加拿大无毛猫因外表而使人呈现截然相反的观点，有人认为是稀有的品种，罕见的珍品。有人则称为"怪物"。不过因为加拿大无毛猫繁殖较困难，所以数量很少，显得非常珍贵。如果有孕猫，请给予孕期专用猫粮，同时将钙片、营养片压碎掺进猫粮，以增加钙质。

无毛猫

彼得无毛猫·白色猫

白色猫小名片	
原产国	俄罗斯
祖先	东方短毛猫 × 顿斯科伊猫
体重范围	3.5 ~ 7 千克
寿命	9 ~ 15 岁
清洗要求	每周 2 ~ 3 次
毛色和花纹	白色
性格特点	胆小、温顺

　　彼得无毛猫是典型的东方型猫，有完全无毛型和有厚密被毛型两种。白色彼得无毛猫线条优美，被毛稀疏，摸起来有油腻感，需要定期洗澡。该猫具有修长的身体，强壮的体格，看上去聪明而优雅，性格也很温顺，因为无毛所以饲养者少了很多烦恼，使得彼得无毛猫非常讨喜，是不错的室内猫，尤其是有些人对猫毛过敏，那么彼得无毛猫像是特意为过敏人士准备的。

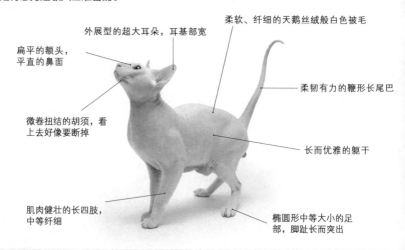

柔软、纤细的天鹅丝绒般白色被毛

外展型的超大耳朵，耳基部宽

扁平的额头，平直的鼻面

柔韧有力的鞭形长尾巴

微卷扭结的胡须，看上去好像要断掉

长而优雅的躯干

肌肉健壮的长四肢，中等纤细

椭圆形中等大小的足部，脚趾长而突出

• 饲养注意事项 •

　　彼得无毛猫喜欢磨爪，磨爪是猫咪的天性，因为爪子是它的武器，所以必须尽早进行训练，以防家里的家具被猫咪抓得面目全非。可以准备几块专用的磨爪工具，放在猫咪喜欢的地方，一旦开始在家具上磨爪，就要坚定地说"不"，然后带它到猫抓板面前，抓起它的前脚示范，慢慢地，它会自动记住磨爪板，进而养成习惯。

彼得无毛猫·蓝色猫

蓝色猫小名片	
原产国	俄罗斯
祖先	东方短毛猫 × 顿斯科伊猫
体重范围	3.5 ~ 7 千克
寿命	9 ~ 15 岁
清洗要求	每周 2 ~ 3 次
毛色和花纹	蓝色
性格特点	胆小、温顺

彼得无毛猫起源于俄罗斯，最初被叫做无毛斯芬克斯猫，后来用顿斯科伊猫和东方短毛猫杂交培育出无毛猫，这些猫统一为彼得无毛猫。其实彼得无毛猫身上有一层很幼细的被毛紧贴皮肤，并非真的无毛。彼得无毛猫皮肤带有皱纹，也容易油腻，需要定期清洁。彼得无毛猫性格友善，令人愉悦，是优良的家猫。但主人应该在早期就注意保护它的皮肤，最好养在室内。

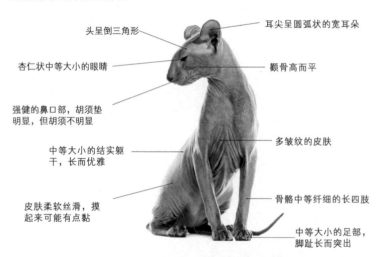

头呈倒三角形

杏仁状中等大小的眼睛

强健的鼻口部，胡须垫明显，但胡须不明显

中等大小的结实躯干，长而优雅

皮肤柔软丝滑，摸起来可能有点黏

耳尖呈圆弧状的宽耳朵

颧骨高而平

多皱纹的皮肤

骨骼中等纤细的长四肢

中等大小的足部，脚趾长而突出

• 饲养注意事项 •

彼得无毛猫性格温顺，容易饲养。因为被毛非常薄，应从小就注意饲养环境，最好养在室内，同时定期洗澡，保持卫生。饲养时，不要给猫咪加入洋葱，会令猫咪中毒，进而产生溶血而死亡。

彼得无毛猫·乳黄色白色猫

乳黄色白色猫小名片	
原产国	俄罗斯
祖先	东方短毛猫 × 顿斯科伊猫
体重范围	3.5 ~ 7 千克
寿命	9 ~ 15 岁
清洗要求	每周 2 ~ 3 次
毛色和花纹	乳黄色、白色
性格特点	胆小、温顺

彼得乳黄色白色猫长得很奇特，皮肤上有皱纹且脚爪大。性格温和，有些胆小，但很忠诚，喜欢与人亲近，这方面很像狗。彼得乳黄色白色猫体型优美，四肢修长，是比较理想的家庭宠物。彼得无毛猫是典型的东方型优美的猫，虽然它并不是无毛的。因为它的毛很幼细，紧贴皮肤，而且皮肤带有皱纹，尤其是头部。

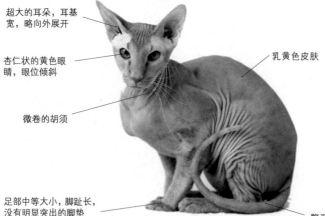

超大的耳朵，耳基宽，略向外展开

杏仁状的黄色眼睛，眼位倾斜

微卷的胡须

乳黄色皮肤

足部中等大小，脚趾长，没有明显突出的脚垫

鞭形长尾，健壮有力

• 饲养注意事项 •

彼得无毛猫因为被毛稀疏，所以怕热、怕冷、怕晒，也容易晒黑，所以不要长时间暴晒。而且耳朵很大，容易积累脏东西，需要定期清理。喂养彼得无毛猫时，不要只喂动物肝脏，也不能用狗粮代替猫粮，虽然同为肉食动物，但狗狗需要的营养要少，应尽可能选择专门的猫粮，为猫咪提供均衡的营养。

巴比诺猫

巴比诺猫小名片	
原产国	美国
祖先	麦肯奇猫 × 无毛斯芬克斯猫
体重范围	2 ~ 4 克
清洗要求	每周 2 ~ 3 次
毛色和花纹	所有毛色、阴影色和花纹
性格特点	活泼好动

巴比诺猫是麦肯奇猫和无毛斯克斯猫的杂交后代，所以巴比诺猫和麦肯奇猫一样有着非常短的四肢，不像其他表亲一样有那么好的跳跃能力，但也能爬上家具。皮肤上长着桃子表皮绒毛般的精细被毛，但看起来无毛。巴比诺猫看似身体弱小，实际上很强壮，也很活泼好动，它的骨骼强健，肌肉结实，皮肤多处有皱纹，但因为缺少厚被毛所以经不起强烈的阳光暴晒和低温。

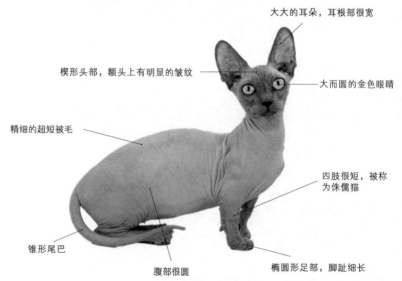

大大的耳朵，耳根部很宽

楔形头部，额头上有明显的皱纹

大而圆的金色眼睛

精细的超短被毛

四肢很短，被称为侏儒猫

锥形尾巴

腹部很圆

椭圆形足部，脚趾细长

• 饲养注意事项 •

巴比诺猫缺少厚被毛，所以它不能在阳光下暴晒，在寒冷的冬天也要穿上保温的衣服御寒，必须待在室内。它应定期洗澡，以防止皮肤油脂积聚过多而成污垢。一定要抽出时间陪猫咪做游戏，猫咪的愉快生活完全寄托在主人身上。

顿斯科伊无毛猫

顿斯科伊无毛猫小名片	
原产国	俄罗斯
体重范围	3.5 ~ 7 千克
寿命	9 ~ 15 岁
清洗要求	每周 2 ~ 3 次
毛色和花纹	所有毛色、阴影色和花纹
性格特点	温柔、活泼、机敏

顿斯科伊无毛猫也被称为顿河斯芬克斯猫，起源于俄罗斯的罗斯托夫，是基因自发突变的结果，从而创造了世界上第一只真正无毛的猫。顿斯科伊无毛猫有不同的被毛种类，有的完全没有被毛，有的有波纹状被毛。奇怪的是，无毛品种在冬天能生长出短暂的皮毛皱纹。顿斯科伊无毛猫性格温和、宽厚、活泼、友好的特点受到很多人的欢迎，是社交场合中迷人的猫。

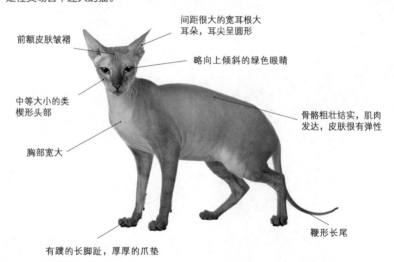

前额皮肤皱褶

间距很大的宽耳根大耳朵，耳尖呈圆形

略向上倾斜的绿色眼睛

中等大小的类楔形头部

骨骼粗壮结实，肌肉发达，皮肤很有弹性

胸部宽大

鞭形长尾

有蹼的长脚趾，厚厚的爪垫

● 饲养注意事项 ●

　　顿斯科伊无毛猫容易产生过多的皮肤油脂，需要定期洗澡以保持洁净。它的皮肤有明显的皱纹，尤其是两颊、下颌和下巴以下的部分，一般来说，皱纹越多越好。顿斯科伊无毛猫的毛很幼细且紧贴皮肤，就像一个变暖的桃子一样。它的皮肤像一匹马的肌肉，又像一块热的羚羊皮。

参考文献

[1]日本芝风有限公司.名犬图鉴——331种世界名犬驯养与鉴赏图典.崔柳 译.河北 河北科学技术出版社，2014.

[2]吉姆·丹尼斯－布莱恩.世界名犬驯养百科.章华民 译.河南 河南科学技术出版社，2014.